超图匹配存在的Ore条件研究

张 义 编著

北京邮电大学出版社
www.buptpress.com

内 容 简 介

本书是一本关于超图匹配存在的Ore条件研究的学术专著，主要介绍了超图匹配的研究背景、意义及研究动态. 另外，本书还介绍了几类临界超图以及它们的性质，从两个相邻顶点的最小度和的角度研究了3—致超图匹配的存在性，从两个$k-1$子集的度和的角度研究了k一致超图匹配的存在性，并得到了一些相关结果. 同时本书也给出了几个值得研究的问题，供感兴趣的读者参考. 本书可以作为高等院校数学、计算机和网络通信专业研究生以及相关领域研究人员的参考书籍.

图书在版编目(CIP) 数据

超图匹配存在的 Ore 条件研究 / 张义编著. —— 北京：北京邮电大学出版社，2024. 5
ISBN 978-7-5635-7220-5

Ⅰ. ①超⋯　Ⅱ. ①张⋯　Ⅲ. ①超图-研究　Ⅳ. ①O157.5

中国国家版本馆 CIP 数据核字（2024）第 082626 号

策划编辑：彭　楠	**责任编辑：**彭　楠　耿　欢		**责任校对：**张会良	**封面设计：**七星博纳

出 版 发 行：北京邮电大学出版社
社　　　址：北京市海淀区西土城路 10 号
邮 政 编 码：100876
发 行 部：电话：010-62282185　传真：010-62283578
E-mail: publish@bupt.edu.cn
经　　　销：各地新华书店
印　　　刷：保定市中画美凯印刷有限公司
开　　　本：787 mm×1 092 mm　1/16
印　　　张：7.5
字　　　数：149 千字
版　　　次：2024 年 5 月第 1 版
印　　　次：2024 年 5 月第 1 次印刷

ISBN 978-7-5635-7220-5　　　　　　　　　　　　　　　　　　　定价：49.00 元

· 如有印装质量问题，请与北京邮电大学出版社发行部联系 ·

前　言

超图 $H = (V(H), E(H))$ 是一般图的推广, 其中 $V(H)$ 是顶点集合, $E(H)$ 是边集合, 满足 $E(H) \subseteq 2^{V(H)}$ 是 $V(H)$ 的一个非空子集族. 如果对任意 $e \in E(H)$ 满足 $|e| = k$, 则称 H 是 k 一致超图. 超图 H 的匹配 M 是一个两两不交的边集合. 如果 M 覆盖了超图的所有顶点, 则称 M 为完美匹配.

为什么研究超图匹配的存在性呢? 其中一个原因是, 在组合中, 很多开放问题都可以转化为在一个超图中寻找一个完美匹配的问题, 如 Ryser 猜想和组合设计的存在性问题等. 研究超图匹配的另一个原因是, Tutte 在 1947 年给出了一般图存在完美匹配的一个刻画, 之后, Edmonds 在 1965 年给出了一个有效的算法判断一个图是不是存在一个完美匹配. 然而对于超图来说, Karp 在 1972 年证明了判断一个 3 部 3 一致超图是否存在完美匹配是一个 NP-完全问题. 那么很自然地想找一些充分条件确保超图存在一个完美匹配. 当前, 专家和学者主要从 Dirac 角度研究超图匹配的存在性, 作者近年来主要从 Ore 条件研究超图匹配的存在性, 并与合作者们取得了一些有意义的研究成果. 在本书中, 作者对其中的部分研究工作进行了整理和修正, 并提出了一些待解决的研究问题.

本书结构如下. 第 1 章首先介绍了超图匹配的研究背景及意义和当前的研究动态, 其次介绍了超图的一些基本定义和符号, 以及几类临界超图及其性质, 最后给出了一些要用到的极值引理. 第 2 章和第 3 章从两个相邻顶点的最小度和的角度研究了 3 一致超图匹配的存在性, 并得到了两个定理. 第 4 章从两个 $k-1$ 子集的度和的角度研究了 k 一致超图匹配的存在性, 并得到了一些相关结果.

感谢在超图匹配存在的 Ore 条件研究中的合作者们, 本书的完成离不开他们的工作. 特别感谢佐治亚州立大学赵翌教授和清华大学陆玫教授对我的指导和帮助. 本书由北京邮电大学基本科研业务费项目 (项目批准号: 2482023RC49) 资助出版.

由于作者水平有限, 书中难免有疏漏和错误之处, 敬请读者批评指正.

作　者

2024 年 1 月

目　　录

第 1 章 绪 论

1.1 引 言

图论起源于一个很著名的问题——哥尼斯堡七桥问题, 在 1736 年, 欧拉解决了这个问题, 由此图论产生了. 在过去七十多年里, 图论被证明在运筹学, 数论, 几何和优化等领域有广泛的应用. 为了解决更多的组合学问题, 学者们很自然地把图的概念推广到超图.

超图 H 的匹配 M 是一个两两不交的边集合. 如果 M 覆盖了图的所有顶点, 则称 M 为完美匹配. 如果一个圈 C 经过了 H 的所有顶点, 那么称 C 为 H 的 Hamilton 圈.

在图论中, 一个基本的问题是: 给定两个图 (超图)F 和 G, 什么条件可以确保 F 是 G 的一个子图. 当 $|V(F)| = |V(H)|$ 时, 该问题往往是 NP-完全问题. 例如, 判断一个图是否存在一个 Hamilton 圈问题. 所以很自然地去找该问题的充分条件. 1952 年, Dirac 在文献 [1] 中得到了一个经典结果: 如果一个图 G 满足最小度大于等于 $n/2$, 则 G 包含一个 Hamilton 圈. 从此, 研究最小度与图的结构关系的问题被称为 Dirac 问题. 超图的 Dirac 问题在最近几年也得到了广泛的关注与研究. 1960 年, Ore 在文献 [2] 中得到了另一个经典结果: 如果一个图 G 中任意两个独立顶点的度和大于等于 n, 则 G 包含一个 Hamilton 圈. 从那以后, 在图中, 关于两个独立顶点的度和与图的结构的问题被广泛研究, 但是在超图中关于度和与结构的研究比较少.

在本书中, 我们主要研究超图的两个顶点的度和、两个 $k-1$ 子集的度和与匹配的存在性之间的关系. 为什么研究超图匹配的存在性呢? 其中一个原因是, 在组合中, 很多开放问题都可以转化为在一个超图中寻找一个完美匹配的问题, 如 Ryser 猜想和组合设计的存在性问题等. 研究超图匹配的另一个原因是, Tutte 在文献 [3] 中给出了一般图存在完美匹配的一个刻画, 之后, Edmonds 在文献 [4] 中给出了一个有效的算法判断一个图是不是存在一个完美匹配. 然而对于超图来说, Karp 在文献 [5] 中证明了判断一个 3 部 3 一致超图是否存在完美匹配是一个 NP-完全问题, 那么很自然地想找一些充分条件确保超图存在一个完美匹配.

1.2 超图匹配的研究动态

本书主要采用图的方法, 除特殊说明外, 涉及的所有图都是有限无向简单图. 书中若有未被定义而被引用的概念和记号请读者查阅文献 [6].

1.2.1 准备知识

有很多的方法可以定义超图的度. 给定一个 k 一致超图 $H = (V(H), E(H))$ 和一个包含 ℓ 个顶点的集合 $S \subseteq V(H)$, $0 \leqslant \ell \leqslant k-1$, S 在 H 中的度是 H 中包含 S 的边的条数, 记为 $\deg_H(S)$, 如果 H 在上下文中没有歧义, 则简写为 $\deg(S)$. 我们用 $\delta_\ell(H)$ 表示超图 H 中所有 ℓ 集合的最小度, 即 $\delta_\ell(H) = \min\{\deg(S) : S \subseteq V(H),\ |S| = \ell\}$. 显然 $\delta_\ell(H)$ 是一般图的最小度的推广.

我们用符号 $m_\ell^s(k, n)$ 表示最小的整数 m, 使得只要阶为 n 的 k 一致超图 H 满足 $\delta_\ell(H) \geqslant m$ 就包含一个大小为 s 的匹配. 如果 $s = n/k$, 则简记为 $m_\ell(k, n)$. 如果 $\ell = 0$, 条件 $\delta_0(H) \geqslant m$ 等价于超图 H 的边数大于等于 m.

定义 1.2.1 用 $H_{\text{ext}}(k, n)$ 表示一个超图集合, 每一个超图 $H = (V, E) \in H_{\text{ext}}(k, n)$ 都有如下性质: 存在 $i \in \{0, 1\}$ 和顶点集合 V 的划分 A 和 B, 使得 $\forall e \in E$ 有 $|A| \neq i|V|/k \bmod 2$ 且 $|e \cap A| = i \bmod 2$ 成立 (见图 1.1).

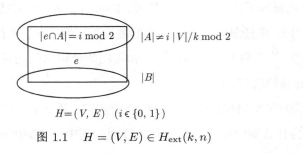

$$H = (V, E) \quad (i \in \{0, 1\})$$

图 1.1 $H = (V, E) \in H_{\text{ext}}(k, n)$

我们可以证明所有超图 $H \in H_{\text{ext}}(k, n)$ 都不包含完美匹配. 假设 H 包含一个完美匹配 M, 则有 $|A| = \sum_{e \in M} |e \cap A| = i|V|/k \bmod 2$, 矛盾. 我们用 $\delta(n, k, \ell)$ 表示 $H_{\text{ext}}(k, n)$ 中所有超图最小 ℓ 度的最大值. 显然 $m_\ell(k, n) > \delta(n, k, \ell)$.

定义 1.2.2 给定 $3 \leqslant k < n$, $1 \leqslant r \leqslant k$ 和 $2 \leqslant s \leqslant n/k$, 用 $H_{n,k,s}^r = (V(H_{n,k,s}^r), E(H_{n,k,s}^r))$ 表示这样一个 k 一致超图: 顶点个数为 n, 顶点集 $V(H_{n,k,s}^r)$ 可以划分成两个顶点子集 S 和 T, 其中 $|S| = n - rs + 1$, $|T| = rs - 1$. $E(H_{n,k,s}^r)$ 由所有包含 T 中至少 r 个顶点的 k 元子集构成 (见图 1.2).

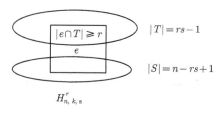

图 1.2 $H_{n,k,s}^r$

显然 $H_{n,k,s}^r$ 不包含一个大小为 s 的匹配, 所以 $m_\ell^s(k,n) > \delta_\ell(H_{n,k,s}^r)$.

对于两个不同的顶点 $u,v \in V(H)$, 如果在 H 中有一条边包含 u 和 v, 则称 u 和 v 是相邻的, 否则称 u 和 v 是独立的. 有三种方式考虑 k 一致超图 H 中两个顶点的度和:

$$\sigma_2(H) = \min\{\deg(u) + \deg(v) : u, v \in V(H)\};$$

$$\sigma_2'(H) = \min\{\deg(u) + \deg(v) : u, v \in V(H) \text{ 且 } u \text{ 和 } v \text{ 相邻}\};$$

$$\sigma_2''(H) = \min\{\deg(u) + \deg(v) : u, v \in V(H) \text{ 且 } u \text{ 和 } v \text{ 独立}\}.$$

对于 k 一致超图 H 中两个 $(k-1)$ 顶点子集 S_1 和 S_2, 我们有三种方式定义它们之间的独立性: 如果 H 不包含一条边 e 使得 $S_1 \cap e \neq \varnothing$ 且 $S_2 \cap e \neq \varnothing$, 则称 S_1 和 S_2 是强独立的; 如果 H 不包含一条边 e 使得 $e \subseteq S_1 \cup S_2$, 则称 S_1 和 S_2 是中独立的; 如果 H 不包含一条边 e 使得 $e \supseteq S_1 \cup S_2$, 则称 S_1 和 S_2 是弱独立的. 定义:

$$\sigma_2^{s\,k-1}(H) = \min\left\{\deg(S) + \deg(T) : S, T \in \binom{V}{k-1}, \text{ 并且 } S \text{ 和 } T \text{ 是强独立的}\right\};$$

$$\sigma_2^{m\,k-1}(H) = \min\left\{\deg(S) + \deg(T) : S, T \in \binom{V}{k-1}, \text{ 并且 } S \text{ 和 } T \text{ 是中独立的}\right\};$$

$$\sigma_2^{w\,k-1}(H) = \min\left\{\deg(S) + \deg(T) : S, T \in \binom{V}{k-1}, \text{ 并且 } S \text{ 和 } T \text{ 是弱独立的}\right\},$$

其中 $\binom{V}{k-1}$ 表示顶点集合 V 的所有 $k-1$ 元子集组成的集合.

1.2.2 研究动态

对于 k 一致超图 H, 经过简单的计算我们可以得到下面的单调关系:

$$\frac{\delta_0(H)}{\binom{n}{k}} \geqslant \frac{\delta_1(H)}{\binom{n-1}{k-1}} \geqslant \cdots \geqslant \frac{\delta_{k-1}(H)}{n-k+1}.$$

这个关系式隐含着在所有的度条件中, $k-1$ 度条件是最强的.

当 $k = 2$ 且 n 是偶数时, 易得 $m_1(2,n) = n/2$, 因为完全二部图 $K_{\frac{n}{2}-1, \frac{n}{2}+1}$ 不存在完美匹配, 又由 Dirac 定理可知满足度条件 $\delta_1(H) \geqslant n/2$ 的图包含一个 Hamilton 圈, 当然也包含一个完美匹配.

当 $k \geqslant 3$ 和 $\ell = k - 1$ 时, Rödl, Ruciński 和 Szemerédi 在文献 [7] 中证明的关于 Hamilton 圈的结果隐含了 $m_{k-1}(k, n) \leqslant n/2 + o(n)$. Kühn 和 Osthus 在文献 [8] 中将其改进到 $m_{k-1}(k, n) \leqslant n/2 + 3k^2\sqrt{n \log n}$. 这个界又被 Rödl, Ruciński 和 Szemerédi 在文献 [9] 中改进为 $m_{k-1}(k, n) \leqslant n/2 + C \log n$. 之后 Rödl, Ruciński, Schacht 和 Szemerédi 在文献 [10] 中又将其改进为 $m_{k-1}(k, n) \leqslant n/2 + k/4$. 最后 Rödl, Ruciński 和 Szemerédi 在文献 [11] 中完全确定了 $m_{k-1}(k, n)$ 的值.

定理 1.2.1　[11] 对于 $k \geqslant 3$ 和充分大的 n, $m_{k-1}(k, n) = \delta(k, n, k-1) + 1$.

当 $k \geqslant 3$, $\ell < k - 1$ 时, $m_\ell(k, n)$ 的确定问题有点困难. 然而如果 $\ell \geqslant k/2$, Pikhurko 在文献 [12] 中得到 $m_\ell(k, n) = (\frac{1}{2} + o(1))\binom{n-\ell}{k-\ell}$. 之后 Treglown 和 Zhao 在文献 [13] 和 [14] 中改进了这个结果, 并证明了下面的定理.

定理 1.2.2　[13,14] 对于 $k \geqslant 3$, $\ell \geqslant k/2$ 和充分大的 n, $m_\ell(k, n) = \delta(n, k, \ell) + 1$.

对于 $\ell < k$, 其实我们很容易得到 $\delta(n, k, \ell) = (\frac{1}{2} + o(1))\binom{n-\ell}{k-\ell}$, 但是 $\delta(n, k, \ell)$ 的具体值确定问题仍然是一个很难的问题. 这个问题与二元 krawtchouk 多项式的极小值问题有紧密的联系.

当 $1 \leqslant \ell < \frac{k}{2}$ 时, Hàn, Person 和 Schacht 在文献 [15] 中得到了 $m_\ell(k, n) \leqslant \left(\frac{k-\ell}{k} + o(1)\right)\binom{n-\ell}{k-\ell}$. 这个界在 2011 年被 Markström 和 Ruciński 改进到 $m_\ell(k, n) \leqslant \left(\frac{k-\ell}{k} - \frac{1}{k^{k-\ell}} + o(1)\right)\binom{n-\ell}{k-\ell}$, 见文献 [16]. Kühn, Osthus 和 Townsend 在 2014 年又改进了这个界, 并得到了下面的定理.

定理 1.2.3　[17] 对于 $n, k \geqslant 3$, $1 \leqslant \ell < k/2$ 且 $k \mid n$, 有

$$m_\ell(k, n) \leqslant \left(\frac{k-\ell}{k} - \frac{k-\ell-1}{k^{k-\ell}} + o(1)\right)\binom{n-\ell}{k-\ell}.$$

Han 在 2016 年得到了下面的定理.

定理 1.2.4　[18] 对于 $n, k \geqslant 3$, $1 \leqslant \ell < k/2$ 且 $k \mid n$, 有

$$m_\ell(k, n) \leqslant \max\left\{\delta(n, k, \ell) + 1, (g(k, \ell) + o(1))\binom{n-\ell}{k-\ell}\right\},$$

其中

$$g(k, \ell) = 1 - \left(1 - \frac{(k-\ell)(k-2\ell-1)}{(k-1)^2}\right)\left(1 - \frac{1}{k}\right)^{k-\ell}.$$

在有些情形下, 定理 1.2.3 更好, 在有些情形下, 定理 1.2.4 更好. 由定理 1.2.4 我们可以得到下面的推论.

推论 1.2.1 [18] 给定 $k \geqslant 3$ 和充分大的 $n \in k\mathbb{N}$, 如果 $0.42k \leqslant \ell < k/2$ 或者 $(k, \ell) \in \{(12, 5), (17, 7)\}$, 则有 $m_\ell(k, n) = \delta(n, k, \ell) + 1$.

我们知道 k 一致超图 $H^1_{n,k,n/k}$ 不包含完美匹配, 且我们很容易得到:

$$\delta_\ell(H^1_{n,k,n/k}) = \binom{n - \ell}{k - \ell} - \binom{(1 - 1/k)n - \ell + 1}{k - \ell} \approx \left(1 - \left(\frac{k-1}{k}\right)^{k-\ell}\right) \binom{n - \ell}{k - \ell}.$$

Hàn, Person 和 Schacht 在文献 [15] 中证明了 $m_1(3, n) = \left(\frac{5}{9} + o(1)\right)\binom{n}{2} \approx \delta_1(H^1_{n,3,n/3})$. 这个界改进了 Daykin 和 Häggkvist 在文献 [19] 中的结果. 之后, Khan 在文献 [20] 中和 Kühn 等人在文献 [21] 中独立地证明了对于充分大的 n, $m_1(3, n) = \binom{n-1}{2} - \binom{2n/3}{2} + 1$. 当 $k = 4$ 和 $l = 1$ 时, Markström 和 Ruciński 在文献 [16] 中证明了 $m_1(4, n) \leqslant \left(\frac{42}{64} + o(1)\right)\binom{n-1}{3}$. 之后, Khan 在文献 [22] 中得到了: 对于充分大的 n, $m_1(4, n) = \binom{n-1}{3} - \binom{3n/4}{3} + 1$. 对于所有的 $\ell \geqslant k - 4$, Alon, Frankl, Huang, Rödl, Ruciński 和 Sudakov 在文献 [23] 中, 在渐进的意义下得到了 $m_\ell(k, n)$, 包括一些新的情形, 如 $(k, \ell) = (5, 1), (5, 2), (6, 2)$ 和 $(7, 3)$. 之后 Treglown 和 Zhao 在文献 [24] 中得到了 $m_2(5, n)$ 和 $m_3(7, n)$ 的确切值. 如果读者想要了解更多超图匹配的 Dirac 研究结果, 可以参考文献 [25]∼ [27].

所有已知的结果都指向了下面的猜想.

猜想 1.2.1 [24] 设 $k, \ell \in \mathbb{N}$ 满足 $\ell \leqslant k - 1$ 且 $n \in k\mathbb{N}$ 充分大, 则有

$$m_\ell(k, n) = \max\left\{\delta(n, k, \ell), \binom{n - \ell}{k - \ell} - \binom{(1 - 1/k)n - \ell + 1}{k - \ell}\right\} + 1.$$

其实猜想 1.2.1 的渐进版本在 2009 年已经被提出了.

猜想 1.2.2 [15, 28] 设 $k, \ell \in \mathbb{N}$ 满足 $\ell \leqslant k - 1$ 且 $n \in k\mathbb{N}$, 则有

$$m_\ell(k, n) = \left(\max\left\{\frac{1}{2}, 1 - \left(\frac{k-1}{k}\right)^{k-\ell}\right\} + o(1)\right) \binom{n - \ell}{k - \ell}.$$

其实猜想 1.2.2 已经被证明在条件 $0.375k \leqslant d \leqslant k - 1$, $1 \leqslant k - d \leqslant 4$ 和 $\{k, d\} \in \{\{12, 5\}, \{17, 7\}\}$ 下成立. 下面我们介绍 $m^s_\ell(k, n)$, $1 \leqslant \ell \leqslant k - 1$, $s \neq n/k$ 的研究结果. 讨论 $\ell = k - 1$ 的情形, 当 k 不能整除 n 时, n 个顶点的 k 一致超图 H 的匹配数最多是 $\lfloor n/k \rfloor$. 大小为 $\lfloor n/k \rfloor$ 的匹配称为几乎完美匹配. Rödl, Ruciński 和 Szemerédi 在文献 [11] 中证明了: 如果 $\delta_{k-1}(H) \geqslant n/k + O(\log n)$, 则 H 包含一个几乎完美匹配. 他们猜想 $\delta_{k-1}(H) \geqslant \lfloor n/k \rfloor$ 就可以推出 H 包含一个几乎完美匹配. Han 利用吸收引理证明了这个猜想.

定理 1.2.5 [29] 给定整数 $k \geqslant 3$ 和充分大的 n 且满足 $k \nmid n$. 如果阶为 n 的 k 一致超图 H 满足 $\delta_{k-1}(H) \geqslant \lfloor n/k \rfloor$, 则 H 包含一个大小为 $\lfloor n/k \rfloor$ 的匹配.

定理 1.2.5 隐含下面的推论.

推论 1.2.2 给定整数 $k \geqslant 3$ 和充分大的 n, 对所有的 $s < n/k$, 有 $m_{k-1}^s(k, n) \leqslant s$.

又知超图 $H_{n,k,s}^1$ 的最大匹配数是 $s - 1$ 且 $\delta_\ell(H_{n,k,s}^1) = \binom{n-\ell}{k-\ell} - \binom{n-s-\ell+1}{k-\ell}$, $0 \leqslant \ell \leqslant k-1$, 所以当 $s \leqslant n/k$ 时, 有

$$m_\ell^s(k, n) \geqslant \binom{n-\ell}{k-\ell} - \binom{n-s-\ell+1}{k-\ell} + 1.$$

把 $\ell = k - 1$ 代入上式可得 $m_{k-1}^s(k, n) \geqslant s$, 所以当 $s < n/k$ 时, 有 $m_{k-1}^s(k, n) = s$.

当 $\ell = 1$ 时, Bollobás, Daykin 和 Erdós 在文献 [30] 中得到了下面的定理.

定理 1.2.6 [30] 给定整数 k, s 和 $n > 2k^3(s+1)$, 如果阶为 n 的 k 一致超图 H 满足 $\delta_1(H) > \binom{n-1}{k-1} - \binom{n-s}{k-1}$, 则 H 包含一个大小为 s 的匹配.

当 $\ell = 1$ 且 $k = 3$ 时, Kühn, Osthus 和 Treglown 在文献 [21] 中证明了下面的定理.

定理 1.2.7 [21] 存在一个整数 $n_0 \in \mathbb{N}$, 如果阶为 $n \geqslant n_0$ 的 3 一致超图满足 $\delta_1(H) > \binom{n-1}{2} - \binom{n-s}{2}$, $n/3 \geqslant s \in \mathbb{N}$, 则 H 存在一个大小为 s 的匹配.

在此基础上, Zhao 提出了下面的猜想.

猜想 1.2.3 [25] 给定 $1 \leqslant \ell \leqslant k-2$, 存在整数 n_0 和 C 满足对所有的 $n \geqslant n_0$ 和 $s \leqslant n/k - C$, 使得

$$m_\ell^s(k, n) = \binom{n-\ell}{k-\ell} - \binom{n-s-\ell+1}{k-\ell} + 1.$$

其实在 2014 年, Kühn, Osthus 和 Townsend 就提出了一个相应的渐进猜想.

猜想 1.2.4 [17] 对于所有的 $\varepsilon > 0$ 和整数 n, ℓ, k, s, 其中 $1 \leqslant \ell \leqslant k-1$ 和 $0 \leqslant s \leqslant (1-\varepsilon)n/k$, 则有下面式子成立:

$$m_\ell^s(k, n) = \left(1 - \left(1 - \frac{s}{n}\right)^{k-\ell} + o(1)\right)\binom{n-\ell}{k-\ell}.$$

另外, 他们证明猜想 1.2.4 在 $s \leqslant \min\left\{\frac{n}{2(k-\ell)}, \frac{n-o(n)}{k}\right\}$ 条件下是正确的.

关于一般的匹配问题, 我们介绍一下 $m_0^s(k, n)$ 的研究结果, 即任何一个 k 一致超图有多少条边可以保证它包含一个大小为 s 的匹配. 这个问题要追溯到 1965 年 Erdós 在文献 [31] 中提出的猜想.

猜想 1.2.5 [31] 给定三个整数 s, k, n, 满足条件 $2 \leqslant k \leqslant n$ 和 $1 \leqslant s \leqslant n/k$, 则

$$m_0^s(k, n) = \max \left\{ \binom{ks-1}{k}, \binom{n}{k} - \binom{n-s+1}{k} \right\} + 1.$$

猜想 1.2.5 中的 $\binom{ks-1}{k}$ 是 k 一致超图 $H_{n,k,s}^k$ 的边数, $\binom{n}{k} - \binom{n-s+1}{k}$ 是 k 一致超图 $H_{n,k,s}^1$ 的边数.

当 $s = 2$ 时, 猜想 1.2.5 即著名的 Erdós-Ko-Rado 定理, 见文献 [32]. Erdós 和 Gallai 在文献 [33] 中的一个经典定理证明了当 $k = 2$ 时, 猜想 1.2.5 成立. Erdós 在文献 [31] 中证明了当 $n \geqslant n_0(k, s)$ 时, 猜想 1.2.5 成立. 1976 年, Bollobás, Daykin 和 Erdós 在文献 [30] 中证明了当 $n \geqslant 2k^3(s-1)$ 时, 猜想 1.2.5 成立. 2012 年, Huang, Loh 和 Sudakov 在文献 [34] 中将其改进到 $n \geqslant 3k^2s$. 当 $k = 3$ 时, Frankl, Rödl 和 Ruciński 在文献 [35] 中证明当 $n \geqslant 4s$ 时, 猜想 1.2.5 成立. Luczak 和 Mieczkowska 在文献 [36] 中证明对于充分大的 s, 猜想 1.2.5 成立. 2017 年 Frankl 在文献 [37] 中证明了当 $k = 3$ 时, 猜想 1.2.5 的确是正确的. Frankl 在文献 [38] 中也证明了当 $n \geqslant (2s+1)k - s$ 时, 猜想 1.2.5 是正确的. 最近 Frankl, Kupavskii 在文献 [39] 中证明当 $n \geqslant (5/3)sk - (2/3)s$ 和 $s \geqslant s_0$ 时, 猜想 1.2.5 是正确的, 其中 s_0 是一个绝对的常数.

有很多的专家和学者从 Dirac 角度研究彩虹版本的匹配存在问题. 设 $F_1, \cdots, F_t$ 为 t 个超图, 令 $F = \{F_i\}$, $i \in [t]$ 表示一族超图. 一个大小为 t 的两两不交的边集合, 称为 F 的彩虹匹配, 如果这个边集合的每条边分别来自不同的 F_i. 在这种情况下, 我们也说 F 具有一个彩虹匹配. 显然彩虹匹配是一般匹配的推广. 彩虹匹配的研究结果有很多, 读者可以参考文献 [40]~[50].

受到 Dirac 条件和 Ore 条件在 Hamilton 圈研究中关系的启发, Tang 和 Yan 在文献 [51] 中研究了两个 $(k-1)$ 子集合的度之和满足特定的条件可以保证在 k 一致超图中存在 Hamilton 紧圈. 作者和陆玫教授在文献 [52] 中研究了两个 $(k-1)$ 子集合的度之和满足特定的条件可以保证在 k 一致超图中存在完美匹配. 作者, 赵翌教授和陆玫教授在文献 [53] 和 [54] 中证明了如果 3 一致超图 H 的顶点个数充分大且满足 $\sigma_2'(H) > \sigma_2'(H_{n,3,s}^2)$, 则 3 一致超图存在大小为 s 的匹配. 作者和陆玫教授最近证明了如果 3 一致超图 H 的顶点个数满足 $n \geqslant 4s + 7$ 且 $\sigma_2'(H) > \sigma_2'(H_{n,3,s}^1)$, 则 3 一致超图存在大小为 s 的匹配当且仅当 H 不是 $H_{n,3,s}^2$ 的子图.

1.3　基本定义和符号

超图 $H = (V(H), E(H))$ 是一般图的推广, 其中 $V(H)$ 是顶点集合, $E(H)$ 是边集合, 且 $E(H) \subseteq 2^{V(H)}$ 是 $V(H)$ 的一个非空子集族. 如果对任意 $e \in E(H)$ 满足 $|e| = k$, 则称 H 是 k 一致超图, 否则称为混合超图. 显然 2 一致超图就是我们所说的一般图.

超图 H 的匹配 M 是一个两两不交的边集合. 若 M 覆盖了 H 的所有顶点, 则称 M 为 H 的一个完美匹配. 显然如果 M 是 k 一致超图 H 的完美匹配, 则有 k 整除 n 且 $|M| = n/k$, 其中 $|M|$ 为 M 的大小, n 是 H 的顶点个数.

我们称一个 k 一致超图 H 是 k 部的, 如果顶点集合 $V(H)$ 可以被分为 k 个顶点集合 $V_1, \cdots, V_k$, 使得 H 的每一条边恰巧包含 V_i 中的一个顶点. 如果 $|V_1| = \cdots = |V_k| = n$, 则称 H 是 n 平衡的.

当 $H = (V(H), E(H))$ 是一个 3 一致超图时, 我们记:

$$N(x, y) = \{z | \{x, y, z\} \in E(H)\};$$

$$N_A(x) = \{u | \{x, y, u\} \in E(H), y \in A\}, \text{ 其中 } A \subseteq V(H);$$

$$N_{A,B}(x) = \{\{y, z\} | \{x, y, z\} \in E(H), y \in A, z \in B\}, \text{ 其中 } A, B \subseteq V(H).$$

令 $F = (V(F), E(F))$ 是一个 3 一致超图, 它的顶点集合为 $V(F) = \{v_1, v_2, v_3, v_4, v_5\}$, 边集合为 $E(F) = \{\{v_1, v_2, v_3\}, \{v_3, v_4, v_5\}\}$. 超图 F 的顶点 v_3 被称为 F 的中心顶点, 其他顶点被称为非中心顶点. 顶点集合 $\{v_1, v_2\}$ 和顶点集合 $\{v_4, v_5\}$ 被称为 F 的翅膀. 令 K_3^3 是一个 3 一致超图, 其顶点集合为 $V(K_3^3) = \{u, v, w\}$, 边集合为 $E(K_3^3) = \{\{u, v, w\}\}$. 简单起见, 我们记 $F = E(F)$, $K_3^3 = E(K_3^3)$. 我们称 T 为 3 一致超图 H 的一个 $\{F, K_3^3\}$-覆盖, 如果 T 是 H 的一个顶点不交的子图集合, 其中每一个子图要么同构于 F, 要么同构于 K_3^3. 定义 T 的大小 $|T|$ 为其所包含的子图数量, 也就是同构于子图 F 的数量与同构于子图 K_3^3 的数量之和.

给定顶点 $v_1, \cdots, v_t$, 我们经常用 $v_1 \cdots v_t$ 表示集合 $\{v_1, \cdots, v_t\}$. 给定 $V(H)$ 的三个顶点集合 V_1, V_2, V_3, 我们称一条边 $e \in E(H)$ 是 $V_1 V_2 V_3$ 类型, 如果 $e = \{v_1, v_2, v_3\}$ 满足 $v_1 \in V_1$, $v_2 \in V_2$ 和 $v_3 \in V_3$.

给定一个顶点 $v \in V(H)$ 和一个集合 $A \subseteq V(H)$, 定义连接 $L_v(A)$ 为所有满足 $u, w \in A$ 和 $uvw \in E(H)$ 的顶点对 uw 组成的集合. 当 A 和 B 是 $V(H)$ 的两个不交的顶点集合时, 定义连接 $L_v(A, B)$ 为所有满足 $u \in A$, $w \in B$ 和 $uvw \in E(H)$ 的顶点对 uw 组成的集合.

如果我们可以从后向前选择正数 a_1, a_2, a_3, 更具体点就是, 存在两个增函数 f 和 g, 满足给定 a_3, 我们可以选择 $a_2 \leqslant f(a_3)$ 和 $a_1 \leqslant g(a_2)$, 则记 $0 < a_1 \ll a_2 \ll a_3$.

1.4　临界超图

定义 1.4.1　设 k 是一个奇数, n 是一个能被 k 整除的整数, 用 $H^0(k, n)$ 表示这样一个 k 一致超图: 顶点个数为 n, 且顶点集 $V(H^0(k, n))$ 可以划分成两个顶点子集 A 和 B, 其中 $|A| = a(k, n)$ 是集合 $\left\{ \frac{n}{2} - 1, \frac{n}{2} - \frac{1}{2}, \frac{n}{2}, \frac{n}{2} + \frac{1}{2} \right\}$ 中唯一的奇数, $|B| = n - |A|$. $E(H^0(k, n))$ 由所有包含 A 中偶数个顶点的 k 元子集构成.

因为 $|A|$ 是奇数, 而每一条边交 A 偶数个顶点, 所以 $H^0(k, n)$ 不存在一个可以覆盖 A 的匹配, 因此 $H^0(k, n)$ 没有完美匹配. 进一步, 当 k 是奇数时, 我们可以得到

$$\delta_{k-1}(H^0(k, n)) = \min \left\{ |A| - k + 2, |B| - k + 1 \right\},$$

所以

$$\delta^0(k, n) = \delta_{k-1}(H^0(k, n)) = \begin{cases} \frac{n}{2} + 1 - k, & \text{当 } n = 4m \text{ 时}, \\ \frac{n}{2} + \frac{1}{2} - k, & \text{当 } n = 4m + 1 \text{ 时}, \\ \frac{n}{2} + 1 - k, & \text{当 } n = 4m + 2 \text{ 时}, \\ \frac{n}{2} + \frac{3}{2} - k, & \text{当 } n = 4m + 3 \text{ 时}. \end{cases} \tag{1.1}$$

定义 1.4.2　设 k 是一个偶数, n 是一个能被 k 整除的整数, 用 $H^0(k, n)$ 表示这样一个 k 一致超图, 顶点个数为 n, 且顶点集 $V(H^0(k, n))$ 可以划分成两个顶点子集 A 和 B, 其中

$$|A| = a(k, n) = \begin{cases} \frac{n}{2} - 1, & \text{当 } \frac{n}{k} \text{ 是偶数时}, \\ \frac{n}{2} - 1, & \text{当 } \frac{n}{k} \text{ 是奇数且 } \frac{n}{2} \text{ 是奇数时}, \\ \frac{n}{2}, & \text{当 } \frac{n}{k} \text{ 是奇数且 } \frac{n}{2} \text{ 是偶数时}, \end{cases}$$

$|B| = n - |A|$. $E(H^0(k, n))$ 由所有包含 A 中奇数个顶点的 k 元子集构成.

同样, 当 k 是偶数时, $H^0(k, n)$ 也不包含完美匹配. 因为当 n/k 是偶数时, 可知 $n/2$ 是偶数, 所以 $|A|$ 是奇数, 因此 A 不能被偶数个大小是奇数的集合覆盖; 当 n/k 是奇数时, 可知 $|A|$ 是偶数, 所以 A 不可能被奇数个大小是奇数的集合覆盖. 进一步, 当 k 是偶数时, 我

们可以得到 $\delta_{k-1}(H^0(k,n)) = |A| - k + 2$, 所以

$$\delta^0(k,n) = \delta_{k-1}(H^0(k,n)) = \begin{cases} \frac{n}{2} + 1 - k, & \text{当 } n = 2mk \text{ 时}, \\ \frac{n}{2} + 1 - k, & \text{当 } n = (2m+1)k \text{ 且 } k = 4\ell + 2 \text{ 时}, \\ \frac{n}{2} + 2 - k, & \text{当 } n = (2m+1)k \text{ 且 } k = 4\ell \text{ 时}. \end{cases} \quad (1.2)$$

实际上 $H^0(k,n) \subseteq H_{\text{ext}}(k,n)$, 经过简单的计算, 我们可以得到 $\delta_{k-1}(H^0(k,n)) = \delta(n,k,k-1)$. 由式 (1.1) 和式 (1.2), 可得:

$$\frac{n}{2} + \frac{1}{2} - k \leqslant \delta^0(k,n) \leqslant \frac{n}{2} + 2 - k. \quad (1.3)$$

命题 1.4.1　当 k 是奇数且 $n = 4m$ 或者 $4m + 3$ 时, 或者当 k 是偶数时, 我们有 $\sigma_2^{m\,k-1}(H^0(k,n)) = 2\delta^0(k,n)$.

证明　显然我们只需要在 $H^0(k,n)$ 中找到满足度条件 $\deg(S_1) = \deg(S_2) = \delta^0(k,n)$ 的两个中独立 $(k-1)$ 子集 S_1, S_2 即可.

令 S_1 和 S_2 是在 $H^0(k,n)$ 中满足条件 $|S_1 \cap A| = |S_2 \cap A| = k - 2$, $S_1 \triangle S_2 \subseteq B$ 和 $|S_1 \triangle S_2| = 2$ 的两个 $(k-1)$ 子集, 其中 $S_1 \triangle S_2$ 是 S_1 和 S_2 之间的对称差. 很容易验证 S_1 和 S_2 是中独立的且满足 $\deg(S_1) = \deg(S_2) = \delta^0(k,n)$. □

命题 1.4.2　给定奇数 k, 则

$$\sigma_2^{m\,k-1}(H^0(k,n)) = \begin{cases} 2\delta^0(3,n) + 2, & \text{当 } n = 4m + 1 \text{ 时}, \\ 2\delta^0(3,n) + 1, & \text{当 } n = 4m + 2 \text{ 时}, \\ 2\delta^0(k,n) + 4, & \text{当 } k \geqslant 5, n = 4m + 1 \text{ 时}, \\ 2\delta^0(k,n) + 2, & \text{当 } k \geqslant 5, n = 4m + 2 \text{ 时}. \end{cases}$$

证明　记 $S^i = \{S^{A,i} : |S^{A,i} \cap A| = i, S^{A,i}$ 是 $V(H^0(k,n))$ 的一个 $(k-1)$ 子集$\}$, 其中 $0 \leqslant i \leqslant k - 1$.

假设 $n = 4m+1$, 则有 $\deg(S^{A,2p}) = \frac{n-1}{2} - (k-1-2p)$ 和 $\deg(S^{A,2p-1}) = \frac{n+1}{2} - (2p-1)$, 其中 $1 \leqslant p \leqslant \frac{k-1}{2}$. 所以, 如果 $k \geqslant 5$, 则 $\deg(S^{A,0}) < \deg(S^{A,2}) = \deg(S^{A,k-2}) < \deg(S^{A,4}) = \deg(S^{A,k-4}) < \cdots < \deg(S^{A,k-1}) = \deg(S^{A,1})$; 如果 $k = 3$, 则 $\deg(S^{A,0}) < \deg(S^{A,2}) = \deg(S^{A,1})$.

显然, 当 $S_1, S_2 \in S^0$ 时, S_1 和 S_2 不是中独立的. 如果 $S_1 \in S^0$ 和 $S_2 \in S^2$, 则 $S_2 \cup \{u\} \in E(H^0(k,n))$, 其中 $u \in S_1 \setminus S_2$. 所以 S_1 和 S_2 也不是中独立的.

如果 $k = 3$, 取 $S_1 \in S^0$, $S_2 \in S^1$ 且满足 $S_1 \cap S_2 \neq \varnothing$, 则 S_1 和 S_2 是中独立的. 所以 $\sigma_2^{m\,2}(H^0(3,n)) = 2\delta^0(3,n) + 2$.

下面假设 $k \geqslant 5$. 对于任意的 $S_1 \in S^0$, $S_2 \in S^{k-2}$, 在 S_1 中选择一个大小为 $k-2$ 的子集, 记为 S'. 在 $S_2 \cap A$ 中选择两个顶点, 记为 u 和 v, 则 $S' \cup \{u, v\} \in E(H^0(k,n))$, 所以 S_1 和 S_2 不是中独立的.

在 S^{k-2} 中, 我们可以选出满足 $S_1 \triangle S_2 \subseteq B$ 且 $|S_1 \triangle S_2| = 2$ 的两个子集 S_1 和 S_2. 此时 S_1 和 S_2 是中独立的, 所以 $\sigma_2^{m\,k-1}(H^0(k,n)) = 2\delta^0(k,n) + 4$.

对于 $n = 4m+2$ 的情形, 我们可以类似得到: 当 $k = 3$ 时, $\sigma_2^{m\,2}(H^0(3,n)) = 2\delta^0(3,n) + 1$; 当 $k \geqslant 5$ 时, $\sigma_2^{m\,k-1}(H^0(k,n)) = 2\delta^0(k,n) + 2$. $\square$

定义 1.4.3 给定 $3 \leqslant k < n$, $1 \leqslant r \leqslant k$ 和 $2 \leqslant s \leqslant n/k$, 用 $H_{n,k,s}^r = (V(H_{n,k,s}^r), E(H_{n,k,s}^r))$ 表示这样一个 k 一致超图: 顶点个数为 n, 且顶点集 $V(H_{n,k,s}^r)$ 可以划分成两个顶点子集 S 和 T, 其中 $|S| = n - rs + 1$, $|T| = rs - 1$. 边集 $E(H_{n,k,s}^r)$ 由所有包含 T 中至少 r 个顶点的 k 元子集构成.

因为 $|T| = rs - 1$, 而每一条边交 T 至少 r 个顶点, 所以 $H_{n,k,s}^r$ 不存在一个大小为 s 的匹配. 显然当 $r = k$ 时, S 的所有顶点在 $H_{n,k,s}^k$ 中都是孤立顶点; 当 $r \neq k$ 时, $H_{n,k,s}^r$ 没有孤立顶点.

见图 1.3, 当 $r = 1$, $k = 3$ 时, 我们有 $\delta_1(H_{n,3,s}^1) = \binom{n-1}{2} - \binom{n-s}{2}$, 因为任取顶点 $u \in S$, $v \in T$, 有

$$\deg_{H_{n,3,s}^1}(u) = \binom{n-1}{2} - \binom{n-s}{2} < \binom{n-1}{2} = \deg_{H_{n,3,s}^1}(v). \tag{1.4}$$

又 $H_{n,3,s}^1$ 中任意两个顶点都相邻, 所以 $\sigma_2'(H_{n,3,s}^1) = 2\left(\binom{n-1}{2} - \binom{n-s}{2}\right)$.

见图 1.3, 当 $r = 2$, $k = 3$ 时, 我们有

$$\sigma_2'(H_{n,3,s}^2) = \binom{2s-2}{2} + (n - 2s + 1)\binom{2s-2}{1} + \binom{2s-1}{2} = (2s-2)(n-1), \tag{1.5}$$

因为任取顶点 $u \in S$, $v \in T$, 我们有

$$\deg_{H_{n,3,s}^2}(u) = \binom{2s-1}{2} < \binom{2s-2}{2} + (n - 2s + 1)\binom{2s-2}{1} = \deg_{H_{n,3,s}^2}(v), \tag{1.6}$$

且 S 中任意两个顶点都不相邻.

见图 1.3, 当 $r = 3$, $k = 3$ 时, 我们有 $\sigma_2'(H_{n,3,s}^3) = 2\left(\binom{3s-2}{2}\right)$, 因为任意顶点 $v \in T$ 有 $\deg_{H_{n,3,s}^3}(v) = \binom{3s-2}{2}$ 且 S 中的顶点都是孤立顶点.

经过简单的计算我们可以得到 $\sigma_2'(H_{n,3,s}^2) > \sigma_2'(H_{n,3,s}^1)$ 和 $\sigma_2'(H_{n,3,s}^2) \geqslant \sigma_2'(H_{n,3,s}^3)$ 当且仅当 $s \leqslant (2n+4)/9$.

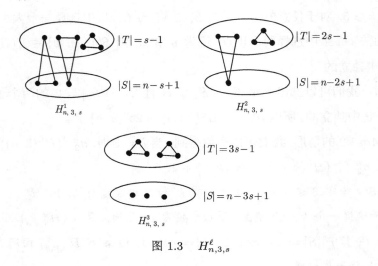

图 1.3　$H_{n,3,s}^{\ell}$

1.5　一些极值引理

在第 2、3 章中, 我们将要用到下面一些极值引理. 第一个引理是 2017 年 Aharoni 和 Howard 在文献 [40] 中得到的观察 1.8.

引理 1.5.1　[40] 令 F 是一个 n 平衡 k 部 k 一致超图的边集合. 如果 F 不包含一个大小为 s 的匹配, 则 $|F| \leqslant (s-1)n^{k-1}$.

下面的定理是 Frankl 在 1996 年得到的直积版本的 EKR 定理.

定理 1.5.1　[55] 假设 $n = n_1 + \cdots + n_d$, $k = k_1 + \cdots + k_d$, 其中 $n_i \geqslant k_i$ 是正整数. 令 $X_1 \cup \cdots \cup X_d$ 是 $[n]$ 的一个 d 划分, 其中 $|X_i| = n_i$, 且

$$\mathcal{H} = \left\{ F \in \binom{[n]}{k} : |F \cap X_i| = k_i, i = 1, \cdots, d \right\}.$$

如果对所有的 i 满足 $n_i \geqslant 2k_i$ 且 $\mathcal{F} \subseteq \mathcal{H}$ 是一个交族, 则

$$\frac{|\mathcal{F}|}{|\mathcal{H}|} \leqslant \max_i \frac{k_i}{n_i}.$$

下面引理的界是紧的, 因为我们可以取 G_1 是一个空图, $G_2 = G_3 = K_n$.

引理 1.5.2　给定两个集合 $A, V, A \subset V$ 且满足 $|A| = 3$ 和 $|V| = n \geqslant 4$, 令 G_1, G_2, G_3 是定义在顶点集合 V 上的 3 个一般图, 且满足 G_1 不包含一条边与 G_2 或者 G_3 的一条边

不交, 则

$$\sum_{i=1}^{3} \sum_{v \in A} \deg_{G_i}(v) \leqslant 6(n-1).$$

证明 假设 $A = \{u_1, u_2, u_3\}$, 令 $b = n - 3 \geqslant 1$, 我们仅需要证明

$$\sum_{i=1}^{3} \sum_{j=1}^{3} \deg_{G_i}(u_j) \leqslant 6b + 12.$$

用 ℓ_i 表示 A 中在图 G_i 里面的度至少是 3 的顶点个数. 我们分下面两种情况讨论.

情形 1: $\ell_1 \geqslant 1$.

如果 $\ell_1 \geqslant 2$, 不妨设 $\deg_{G_1}(u_j) \geqslant 3$, 其中 $j = 1, 2$, 则 $E(G_i) \subseteq \{u_1u_2\}$, $i = 2, 3$; 否则我们可以找到两条不交的边, 一条来自 G_1, 另一条来自 G_2 或者 G_3. 因此, $\sum_{j=1}^{3} \deg_{G_i}(u_j) \leqslant 2$, $i = 2, 3$. 又 $\sum_{j=1}^{3} \deg_{G_1}(u_j) \leqslant 3b + 6$, 所以

$$\sum_{i=1}^{3} \sum_{j=1}^{3} \deg_{G_i}(u_j) \leqslant 3b + 10 < 6b + 12.$$

如果 $\ell_1 = 1$, 不妨设 $\deg_{G_1}(u_1) \geqslant 3$, 则 G_i 是一个中心为 u_1 的星, 其中 $i = 2, 3$; 否则存在一条 G_1 的边与 G_2 或者 G_3 的一条边不交. 此时, 我们有 $\sum_{j=1}^{3} \deg_{G_1}(u_j) \leqslant b + 2 + 4$ 和 $\sum_{j=1}^{3} \deg_{G_i}(u_j) \leqslant b + 4$, $i = 2, 3$. 又因为 $b \geqslant 1$, 所以

$$\sum_{i=1}^{3} \sum_{j=1}^{3} \deg_{G_i}(u_j) \leqslant 3b + 14 < 6b + 12.$$

情形 2: $\ell_1 = 0$.

如果对某个 $i \in \{2, 3\}$ 满足 $\ell_i = 3$, 则 $E(G_1) = \varnothing$. 在这种情况下,

$$\sum_{i=1}^{3} \sum_{j=1}^{3} \deg_{G_i}(u_j) \leqslant 2(3b + 6) \leqslant 6b + 12.$$

假设 $\ell_2, \ell_3 \leqslant 2$ 且 $\ell_2 = 2$ 或者 $\ell_3 = 2$. 不失一般性, 我们假设 $\ell_2 = 2$ 和 $\deg_{G_2}(u_j) \geqslant 3$, $j = 1, 2$, 则 $E(G_1) \subseteq \{u_1u_2\}$. 在这种情况下, $\sum_{j=1}^{3} \deg_{G_1}(u_j) \leqslant 2$ 和 $\sum_{j=1}^{3} \deg_{G_i}(u_j) \leqslant 2b + 4 + 2$, $i = 2, 3$. 又因为 $b \geqslant 1$, 所以

$$\sum_{i=1}^{3} \sum_{j=1}^{3} \deg_{G_i}(u_j) \leqslant 4b + 14 \leqslant 6b + 12.$$

假设 $\ell_2, \ell_3 \leqslant 1$ 且 $\ell_2 = 1$ 或者 $\ell_3 = 1$. 不失一般性, 我们假设 $\ell_2 = 1$ 和 $\deg_{G_2}(u_1) \geqslant 3$, 则 G_1 是中心为 u_1 的一个星. 我们有 $\sum_{j=1}^{3} \deg_{G_1}(u_j) \leqslant 4$ 和 $\sum_{j=1}^{3} \deg_{G_i}(u_j) \leqslant b + 2 + 4$, $i = 2, 3$. 又因为 $b \geqslant 1$, 所以

$$\sum_{i=1}^{3} \sum_{j=1}^{3} \deg_{G_i}(u_j) \leqslant 2b + 16 \leqslant 6b + 12.$$

假设 ℓ_2, $\ell_3 = 0$. 在这种情况下, $\sum_{j=1}^{3} \deg_{G_i}(u_j) \leqslant 6$, $i = 1, 2, 3$. 因为 $b \geqslant 1$, 所以

$$\sum_{i=1}^{3} \sum_{j=1}^{3} \deg_{G_i}(u_j) \leqslant 18 \leqslant 6b + 12. \qquad \square$$

下面引理的界也是紧的, 因为我们可以取 $G_1 = G_2 = G_3$ 是一个阶为 n, 中心是 A 中的一个顶点的星.

引理 1.5.3 给定两个集合 $A, V, A \subset V$ 且满足 $|A| = 3$ 和 $|V| = n \geqslant 5$, 令 G_1, G_2, G_3 是三个顶点集合为 V 的一般图, 且满足 G_i 不存在一条边与 G_j 的一条边不交, 其中 $i \neq j$, 则

$$\sum_{i=1}^{3} \sum_{v \in A} \deg_{G_i}(v) \leqslant 3(n + 1).$$

证明 假设 $A = \{u_1, u_2, u_3\}$, 令 $b = n - 3 \geqslant 2$. 我们仅需要证明 $\sum_{i=1}^{3} \sum_{j=1}^{3} \deg_{G_i}(u_j) \leqslant 3b + 12$.

用 ℓ_i 表示 A 中在 G_i 上度至少是 3 的顶点个数. 我们分下面两种情况讨论.

情形 1: 存在某个 $i \in [3]$ 满足 $\ell_i \geqslant 1$.

不失一般性, 假设 $\ell_1 \geqslant 1$ 和 $\deg_{G_1}(u_1) \geqslant 3$. 如果 $\deg_{G_1}(u_2) \geqslant 3$ 或者 $\deg_{G_1}(u_3) \geqslant 3$, 不妨设 $\deg_{G_1}(u_2) \geqslant 3$, 则 $E(G_i) \subseteq \{u_1 u_2\}$, $i = 2, 3$; 否则可以从 G_1, G_2, G_3 中找到两条来自两个不同图的两条不交边. 在这种情况下, $\sum_{j=1}^{3} \deg_{G_1}(u_j) \leqslant 3b + 6$ 和 $\sum_{j=1}^{3} \deg_{G_i}(u_j) \leqslant 2$, $i = 2, 3$, 所以 $\sum_{i=1}^{3} \sum_{j=1}^{3} \deg_{G_i}(u_j) \leqslant 3b + 10$.

假设 $\deg_{G_1}(u_j) \leqslant 2$, $j = 2, 3$. 又知 G_i 是中心为 u_1 的一个星, 否则 G_1 的一条边与 G_i 的一条边不交, 其中 $i \in \{2, 3\}$. 如果 $\deg_{G_2}(u_1) \geqslant 3$ 或者 $\deg_{G_3}(u_1) \geqslant 3$, 则 G_1 也是中心在 u_1 的一个星. 此时可得 $\sum_{j=1}^{3} \deg_{G_i}(u_j) \leqslant b + 4$, $i \in [3]$, 所以 $\sum_{i=1}^{3} \sum_{j=1}^{3} \deg_{G_i}(u_j) \leqslant 3b + 12$. 否则 $\deg_{G_i}(u_1) \leqslant 2$, $i = 2, 3$, 因此 $\sum_{j=1}^{3} \deg_{G_i}(u_j) \leqslant 4$, $i = 2, 3$. 又因为 $\sum_{j=1}^{3} \deg_{G_1}(u_j) \leqslant b + 6$, 所以 $\sum_{i=1}^{3} \sum_{j=1}^{3} \deg_{G_i}(u_j) \leqslant b + 14 \leqslant 3b + 12$.

情形 2: 对每一个 $i \in [3]$ 满足 $\ell_i = 0$.

在这种情况下, 可得 $\sum_{j=1}^{3} \deg_{G_i}(u_j) \leqslant 6$, 其中 $i = 1, 2, 3$. 又因为 $b \geqslant 2$, 所以 $\sum_{i=1}^{3} \sum_{j=1}^{3} \deg_{G_i}(u_j) \leqslant 18 \leqslant 3b + 12$. $\qquad \square$

引理 1.5.4 给定两个子集 $A, V, A \subset V$ 且满足 $|A| = 2$ 和 $|V| = n \geqslant 4$. 设 G_1, G_2, G_3 是三个顶点集合为 V 的一般图, 且不存在两条分别来自 G_i 和 G_j 的不相交边, 其中 $i \neq j$, 则 $\sum_{i=1}^{3} \sum_{v \in A} \deg_{G_i}(v) \leqslant 3n$.

证明 令 $A = \{u_1, u_2\}$. 设 $L_i = \{u \in A : \deg_{G_i}(u) \geqslant 3\}$ 和 $\ell_i = |L_i|$, 其中 $1 \leqslant i \leqslant 3$. 不妨假设 $\ell_1 \geqslant \ell_2 \geqslant \ell_3$. 如果 $\ell_1 = 0$, 则 $\sum_{i=1}^{3} \sum_{j=1}^{2} \deg_{G_i}(u_j) \leqslant 12 \leqslant 3n$,

完成证明. 所以我们可以假设 $\ell_1 \geqslant 1$ 和 $u_1 \in L_1$. 如果 $\ell_1 = 2$, 则 $E(G_i) \subseteq \{u_1 u_2\}$, 其中 $i = 2, 3$; 否则我们可以找到两条分别来自 G_1 和 G_2 (或者 G_3) 的不交边. 在这种情形下, 我们有 $\sum_{j=1}^{2} \deg_{G_1}(u_j) \leqslant 2(n-1)$ 和 $\sum_{j=1}^{2} \deg_{G_i}(u_j) \leqslant 2$, 其中 $i = 2, 3$, 所以 $\sum_{i=1}^{3} \sum_{j=1}^{2} \deg_{G_i}(u_j) \leqslant 2n + 2$, 完成证明.

如果 $\ell_1 = 1$, 则 G_i 是一个中心为 u_1 的星, 其中 $i = 2, 3$; 否则 G_1 的一条边一定与 G_i 的一条边不交, $i = 2, 3$. 所以 $\deg_{G_i}(u_2) \leqslant 1$, $i = 2, 3$. 如果 $u_1 \in L_2 \cup L_3$, 则 G_1 也是一个中心为 u_1 的星, 所以 $\deg_{G_1}(u_2) \leqslant 1$. 因而 $\sum_{j=1}^{2} \deg_{G_i}(u_j) \leqslant n$, $1 \leqslant i \leqslant 3$, 这样我们得到 $\sum_{i=1}^{3} \sum_{j=1}^{2} \deg_{G_i}(u_j) \leqslant 3n$, 完成证明. 因此, $u_1 \notin L_2 \cup L_3$, 即对于 $i = 2, 3$, 有 $\deg_{G_i}(u_1) \leqslant 2$, 进而可得 $\sum_{j=1}^{2} \deg_{G_i}(u_j) \leqslant 3$. 又 $\sum_{j=1}^{2} \deg_{G_1}(u_j) \leqslant n + 1$, 于是 $\sum_{i=1}^{3} \sum_{j=1}^{3} \deg_{G_i}(u_j) \leqslant n + 7$, 完成证明. $\qquad\square$

引理 1.5.5 给定两个集合 $A, V, A \subset V$ 满足 $|A| = 2$ 和 $|V| = n \geqslant 4$. 假设 G_1 和 G_2 是两个顶点集合为 V 的一般图且满足不存在两条分别来自 G_1 和 G_2 的不交边, 则 $\sum_{i=1}^{2} \sum_{v \in A} \deg_{G_i}(v) \leqslant 2n$.

证明 假设 $A = \{u_1, u_2\}$. 令 $L_i = \{u \in A : \deg_{G_i}(u) \geqslant 3\}$ 和 $\ell_i = |L_i|$, $i = 1, 2$. 不失一般性, 我们假设 $\ell_1 \geqslant \ell_2$. 如果 $\ell_1 = 0$, 则 $\sum_{i=1}^{2} \sum_{j=1}^{2} \deg_{G_i}(u_j) \leqslant 8$, 完成证明. 所以下面我们可以假设 $\ell_1 \geqslant 1$ 和 $u_1 \in L_1$, 则 G_2 是一个中心为 u_1 的星, 从而 $\deg_{G_2}(u_2) \leqslant 1$, 因此 $u_2 \notin L_2$.

如果 $\ell_1 = 2$, 则 $E(G_2) \subseteq \{u_1 u_2\}$. 此时, 我们有 $\sum_{j=1}^{2} \deg_{G_1}(u_j) \leqslant 2(n-1)$ 和 $\sum_{j=1}^{2} \deg_{G_2}(u_j) \leqslant 2$, 所以 $\sum_{i=1}^{2} \sum_{j=1}^{2} \deg_{G_i}(u_j) \leqslant 2n$, 完成证明.

假设 $\ell_1 = 1$. 如果 $u_1 \in L_2$, 则 G_1 也是一个中心在 u_1 的星. 在这种情况下, 我们有下面结论成立: $\sum_{j=1}^{2} \deg_{G_i}(u_j) \leqslant n$, $i = 1, 2$. 所以 $\sum_{i=1}^{2} \sum_{j=1}^{2} \deg_{G_i}(u_j) \leqslant 2n$, 完成证明. 如果 $u_1 \notin L_2$, 则 $\sum_{j=1}^{2} \deg_{G_2}(u_j) \leqslant 3$. 又知 $\sum_{j=1}^{2} \deg_{G_1}(u_j) \leqslant n + 1$, 所以 $\sum_{i=1}^{2} \sum_{j=1}^{2} \deg_{G_i}(u_j) \leqslant n + 4$, 完成证明. $\qquad\square$

利用引理 1.5.5 的证明方法, 我们可以得到下面的引理.

引理 1.5.6 假设 $G_1, \cdots, G_k$ 是 k 个一般图, 它们的顶点集合同为 V, 其中 $|V| = n \geqslant 4$. 如果 G_i 的每条边与 $G_j, i \neq j$ 的每条边相交, 则 V 中大小为 2 的任意顶点子集 A 满足 $\sum_{i=1}^{k} \sum_{v \in A} \deg_{G_i}(v) \leqslant kn$.

引理 1.5.7 [54] 令 $A = \{u_1, u_2, \cdots, u_a\}$ 和 $B = \{v_1, v_2, \cdots, v_b\}$ 是两个不交的顶点子集, 其中 $a \geqslant 3, b \geqslant 1$ 是两个正整数. 假设 G_1, G_2, G_3 是三个定义在 $A \cup B$ 上的一般图, 其中 G_1 中的 B 中的顶点都是孤立顶点, G_2, G_3 中的每一条边都包含 A 中至少一个顶

点. 如果 G_1, G_2, G_3 不包含下面两种类型的不交边: (1) 一条来自 G_1, 另一条来自 G_2 或者 G_3; (2) 一条来自 G_2, 另一条来自 G_3 且有一条包含 B 中的一个顶点, 则

$$\sum_{i=1}^{3} \left(\sum_{j=1}^{2} \deg_{G_i}(u_j) + \deg_{G_i}(v_1) \right) \leqslant \max\{4a + 7, 3a + 2b + 5\}.$$

引理 1.5.8 令 $A = \{u_1, u_2, \cdots, u_a\}$ 和 $B = \{v_1, v_2, \cdots, v_b\}$ 是两个不交的顶点子集, 其中 $a \geqslant 2, b \geqslant 1$ 是两个正整数. 假设 G_1, G_2, G_3 是三个定义在 $A \cup B$ 上的一般图, 其中 G_1 中的 B 中的顶点都是孤立顶点, G_2, G_3 中的每条边都包含 A 中至少一个顶点. 如果 G_1, G_2, G_3 不包含下面两种不交边: (1) G_1 的每一条边与 G_2 或者 G_3 的每一条包含 B 的顶点的边相交; (2) G_2 的每一条包含 B 中顶点的边与 G_3 中每一条包含 B 中顶点的边相交, 则

$$y = \sum_{i=1}^{3} \left(\sum_{j=1}^{2} \deg_{G_i}(u_j) + \deg_{G_i}(v_1) \right) \leqslant \max\{6a + 2, 5a + 2b + 2\}.$$

证明 令

$$z = \sum_{j=1}^{2} \deg_{G_1}(u_j) + \sum_{i=2}^{3} \left(|N_{G_i}(v_1) \cap A| + \sum_{j=1}^{2} |N_{G_i}(u_j) \cap B| \right),$$

则

$$y = z + \sum_{i=2}^{3} \left(\sum_{j=1}^{2} |N_{G_i}(u_j) \cap A| \right).$$

很容易得到

$$\sum_{i=2}^{3} \left(\sum_{j=1}^{2} |N_{G_i}(u_j) \cap A| \right) \leqslant 4(a - 1).$$

所以我们仅仅需要证明 $z \leqslant \max\{2a + 6, a + 2b + 6\}$.

令 $L_1 = \{u \in \{u_1, u_2\} : \deg_{G_1}(u) \geqslant 2\}$, $L_i = \{u \in \{u_1, u_2\} : N_{G_i}(u) \cap B| \geqslant 2\} \cup \{v_1 : |N_{G_i}(v_1) \cap A| \geqslant 3\}$, $i = 2, 3$ 和 $\ell_i = |L_i|$, $1 \leqslant i \leqslant 3$. 我们分下面两种情形讨论.

情形 1: $\ell_1 \geqslant 1$.

如果 $\ell_1 = 2$, 则 $N_{G_i}(u_j) \cap B = \varnothing$ 且 $N_{G_i}(v_1) \cap A = \varnothing$, 其中 $i = 2, 3$, $j = 1, 2$; 否则我们可以发现两条不交的边, 其中一条边来自 G_1, 另一条边来自 G_2 或者 G_3, 且包含一个来自 B 的顶点. 因此 $z \leqslant \sum_{j=1}^{2} \deg_{G_1}(u_j) \leqslant 2(a - 1)$.

如果 $\ell_1 = 1$, 不妨设 $u_1 \in L_1$, 则 $N_{G_i}(u_2) \cap B = \varnothing$ 且 $N_{G_i}(v_1) \cap A \subseteq \{u_1\}$, 其中 $i = 2, 3$; 否则我们可以发现两条不交的边, 其中一条边来自 G_1, 另一条边来自 G_2 或者 G_3, 且包含一个来自 B 的顶点. 在这种情形下, 我们有 $\deg_{G_1}(u_1) + \deg_{G_1}(u_2) \leqslant a - 1 + 1$ 且 $\sum_{j=1}^{2} |N_{G_i}(u_j) \cap B| + |N_{G_i}(v_1) \cap A| \leqslant b + 1$, 其中 $i = 2, 3$. 因此 $z \leqslant a + 2b + 2$.

情形 2: $\ell_1 = 0$.

在这种情形下, 我们有 $\sum_{j=1}^2 \deg_{G_1}(u_j) \leqslant 2$. 不失一般性, 我们假设 $\ell_2 \geqslant \ell_3$. 首先如果 $\ell_2 = 3$, 我们可以得到 $\deg_{G_1}(u_j) = 0$ 且 $N_{G_2}(u_j) \cap B = N_{G_2}(v_1) \cap A = \varnothing$, 对于 $j = 1, 2$. 因此 $z \leqslant a + 2b$. 其次我们假设 $\ell_2 \leqslant 1$, 则对于 $i = 2, 3$,

$$\sum_{j=1}^2 |N_{G_i}(u_j) \cap B| + |N_{G_i}(v_1) \cap A| \leqslant \max\{a+2, b+3\},$$

所以我们可以得到 $z \leqslant \{2a+6, 2b+8, a+b+7\}$. 最后我们假设 $\ell_2 = 2$. 如果 $|N_{G_2}(v_1) \cap A| \geqslant 3$ 且 $|N_{G_2}(u_1) \cap B| \geqslant 2$ ($|N_{G_2}(u_2) \cap B| \geqslant 2$, 相似的讨论), 我们有 $N_{G_3}(u_1) \cap B \subseteq \{v_1\}$, $N_{G_3}(u_2) \cap B = \varnothing$ 且 $N_{G_3}(v_1) \cap A = \{u_1\}$; 否则我们可以发现两条不交的边, 其中一条来自 G_2, 另一条来自 G_3, 且这两条边都包含一个来自 B 的顶点. 因此

$$\sum_{j=1}^2 |N_{G_2}(u_j) \cap B| + |N_{G_2}(v_1) \cap A| \leqslant a + b + 1$$

且

$$\sum_{j=1}^2 |N_{G_3}(u_j) \cap B| + |N_{G_3}(v_1) \cap A| \leqslant 2,$$

进一步推出 $z \leqslant a + b + 5$. 如果 $|N_{G_2}(u_1) \cap B| \geqslant 2$ 且 $|N_{G_2}(u_2) \cap B| \geqslant 2$, 则我们可得 $N_{G_3}(u_1) \cap B = \varnothing$, $N_{G_3}(u_2) \cap B = \varnothing$ 且 $N_{G_3}(v_1) \cap A = \varnothing$. 因此

$$\sum_{j=1}^2 |N_{G_2}(u_j) \cap B| + |N_{G_2}(v_1) \cap A| \leqslant 2b + 2,$$

进一步推出 $z \leqslant 2b + 4$. $\qquad\square$

引理 1.5.9 假设 G_1, G_2, G_3 是三个一般图, 它们的顶点集合同为 V, 其中 $|V| = n \geqslant 8$. 如果 G_i 的每条边与 $G_j (i \neq j)$ 的每条边相交, 则 V 中大小为 6 的任意顶点子集 A 满足 $\sum_{i=1}^3 \sum_{v \in A} \deg_{G_i}(v) \leqslant 6(n-1)$.

证明 假设 $A = \{u_1, u_2, u_3, u_4, u_5, u_6\}$. 令 ℓ_i 表示 A 中在 G_i 中顶点度数至少为 3 的顶点个数. 不失一般性, 我们假设 $\ell_1 \geqslant \ell_2 \geqslant \ell_3$. 我们分下面三种情形讨论.

情形 1: $\ell_1 \geqslant 3$.

在这种情形下我们有 $E(G_i) = \varnothing$, 对于 $i = 2, 3$, 否则我们可以找到两条不交的边, 一条来自 G_1, 一条来自 G_2 或者 G_3. 因此 $\sum_{j=1}^3 \deg_{G_1}(u_j) \leqslant 6(n-1)$ 且 $\sum_{j=1}^3 \deg_{G_i}(u_j) = 0$, 对于 $i = 2, 3$. 进一步可以推出 $\sum_{i=1}^3 \sum_{j=1}^3 \deg_{G_i}(u_j) \leqslant 6(n-1)$.

情形 2: $\ell_1 = 2$.

不失一般性, 我们假设 $\deg_{G_1}(u_1) \geqslant 3$ 和 $\deg_{G_1}(u_2) \geqslant 3$, 则 $E(G_i) \subseteq \{u_1 u_2\}$, 对于 $i = 2, 3$. 否则我们可以找到两个不相交的边, 其中一条来自 G_1, 另一条来自 G_2 或者 G_3.

所以在这种情形下, 我们有 $\sum_{j=1}^{3} \deg_{G_1}(u_j) \leqslant 2(n-1)+8$ 和 $\sum_{j=1}^{3} \deg_{G_i}(u_j) \leqslant 2$, $i=2,3$. 又因为 $n \geqslant 8$, 我们可以推出 $\sum_{i=1}^{3} \sum_{j=1}^{3} \deg_{G_i}(u_j) \leqslant 2(n-1)+12 \leqslant 6(n-1)$.

情形 3: $\ell_1 \leqslant 1$.

不失一般性, 我们假设 $\deg_{G_1}(u_1) \geqslant 3$, 则 $E(G_i)$ 是一个中心在 u_1 的星, 对于 $i=2,3$. 否则我们可以找到两个不相交的边, 其中一条来自 G_1, 另一条来自 G_2 或者 G_3. 所以在这种情形下, 我们有 $\sum_{j=1}^{3} \deg_{G_1}(u_j) \leqslant (n-1)+10$ 和 $\sum_{j=1}^{3} \deg_{G_i}(u_j) \leqslant n-1+5$, 对于 $i=2,3$. 又因为 $n \geqslant 8$, 我们可以推出 $\sum_{i=1}^{3} \sum_{j=1}^{3} \deg_{G_i}(u_j) \leqslant 3(n-1)+20 \leqslant 6(n-1)$. $\quad\square$

引理 1.5.10 假设 $G_1, G_2, G_3, G_4, G_5, G_6$ 是六个一般图, 它们的顶点集合同为 V, 其中 $|V| = n \geqslant 23$. 如果 G_i 的每条边与 $G_j(i \neq j)$ 的每条边相交, 其中 $i, j \in \{1,2,3\}$ 或者 $i, j \in \{4,5,6\}$ 或者一个属于 $\{1,2,3\}$, 另一个属于 $\{4,5,6\}$, 则对于 V 中大小为 6 的任意顶点子集 A, 我们有 $\sum_{i=1}^{6} \sum_{v \in A} \deg_{G_i}(v) \leqslant 6(n-1)+30$.

证明 假设 $A = \{u_1, u_2, u_3, u_4, u_5, u_6\}$. 令 ℓ_i 表示 A 中在 G_i 中顶点度数至少为 3 的顶点个数. 不失一般性, 我们假设 $\ell_1 \geqslant \ell_2 \geqslant \ell_3$ 和 $\ell_4 \geqslant \ell_5 \geqslant \ell_6$. 我们分下面四种情形讨论.

情形 1: $\ell_1 \geqslant 3$ 或 $\ell_4 \geqslant 3$.

不失一般性, 我们假设 $\ell_1 \geqslant 3$, 则 $E(G_4) = E(G_5) = E(G_6) = \varnothing$. 否则我们可以找到两条不相交的边, 其中一条来自 G_1, 另一条来自 G_j, $j \in \{4,5,6\}$. 由引理 1.5.9, 我们得到 $\sum_{i=1}^{6} \sum_{v \in A} \deg_{G_i}(v) \leqslant 6(n-1)$.

情形 2: $\ell_1 = 2$ 或 $\ell_4 = 2$.

不失一般性, 我们假设 $\ell_1 = 2$, $\deg_{G_1}(u_1) \geqslant 3$ 和 $\deg_{G_1}(u_2) \geqslant 3$, 则 $E(G_i) \subseteq \{u_1 u_2\}$, 对于 $i = 2,3,4,5,6$. 否则我们可以找到两个不相交的边, 其中一条来自 G_1, 另一条来自 G_j, $j \in \{2,3,4,5,6\}$. 所以在这种情形下, 我们可以得到 $\sum_{j=1}^{6} \deg_{G_1}(u_j) \leqslant 2(n-1)+8$ 和 $\sum_{j=1}^{6} \deg_{G_i}(u_j) \leqslant 2$, $i = 2,3,4,5,6$. 又因为 $n \geqslant 23$, 我们可以推出 $\sum_{i=1}^{6} \sum_{j=1}^{6} \deg_{G_i}(u_j) \leqslant 2(n-1)+18 \leqslant 6(n-1)$.

情形 3: $\ell_1 = 1$ 或 $\ell_4 = 1$.

不失一般性, 我们假设 $\ell_1 = 1$ 和 $\deg_{G_1}(u_1) \geqslant 3$, 那么 $E(G_i)$ 是一个中心在 u_1 的星, 对于 $i = 2,3,4,5,6$. 否则我们可以找到两条不相交的边, 其中一条来自 G_1, 另一条来自 G_j, $j \in \{2,3,4,5,6\}$. 如果 $\deg_{G_i}(u_1) \geqslant 3$, 对于某一个 $i \in \{2,3,4,5,6\}$, 那么 G_1 也是一个中心在 u_1 的星, 所以 $\sum_{j=1}^{6} \deg_{G_i}(u_j) \leqslant (n-1)+5$, 对于 $i \in \{1,2,3,4,5,6\}$. 我们可以推出 $\sum_{i=1}^{6} \sum_{j=1}^{6} \deg_{G_i}(u_j) \leqslant 6(n-1)+30$. 如果 $\deg_{G_i}(u_1) \leqslant 2$, 对于每一个 $i \in \{2,3,4,5,6\}$, 那么 $\sum_{j=1}^{6} \deg_{G_1}(u_j) \leqslant (n-1)+10$ 且 $\sum_{j=1}^{6} \deg_{G_i}(u_j) \leqslant 4$, 对于 $i \in \{2,3,4,5,6\}$. 因此

我们可以推出 $\sum_{i=1}^{6} \sum_{j=1}^{6} \deg_{G_i}(u_j) \leqslant (n-1) + 30$.

情形 4: $\ell_1 = 0$ 和 $\ell_4 = 0$.

在这种情形下, 我们可以得到 $\deg_{G_i}(u_j) \leqslant 2$, 对于 $i \in [6], j \in [3]$. 进一步, 我们可以得到 $\sum_{i=1}^{6} \sum_{j=1}^{3} \deg_{G_i}(u_j) \leqslant 36 \leqslant 3(n-1)$, 最后一个不等式成立是因为 $n \geqslant 23$. □

引理 1.5.11 给定一个集合 $V = \{v_0, u_1, u_2, \cdots, u_n\}$, 其中 $n \geqslant 3$. 令 G_1, G_2 和 G_3 是三个顶点集合为 V 的一般图, 且 G_1 满足 $\deg_{G_1}(v_0) = 0$. 假设不存在满足下面两种可能的两条不交边: (1) 一条边来自 G_1, 另一条边来自 G_2 或者 G_3; (2) 一条边来自 G_2, 另一条边来自 G_3 且这两条边中有一条包含 v_0, 则

$$y = \sum_{i=1}^{3} \left(\sum_{j=1}^{2} \deg_{G_i}(u_j) + \deg_{G_i}(v_0) \right) \leqslant \begin{cases} 14, & \text{如果 } n = 3, \\ \max\{4n-2, 3n+4\}, & \text{如果 } n \geqslant 4. \end{cases} \tag{1.7}$$

证明 令 $L_i = \{u \in \{v_0, u_1, u_2\} : \deg_{G_i}(u) \geqslant 3\}$ 和 $\ell_i = |L_i|$, $1 \leqslant i \leqslant 3$. 不妨假设 $\ell_2 \geqslant \ell_3$. 我们分下面两种情况讨论.

情形 1: $\ell_1 \geqslant 1$.

如果 $\ell_1 = 2$, 则由条件 (1), 可得 $E(G_i) \subseteq \{u_1 u_2\}$, $i = 2, 3$, 从而 $\sum_{j=1}^{2} \deg_{G_i}(u_j) + \deg_{G_i}(v_0) \leqslant 2$, $i = 2, 3$. 又 $\deg_{G_1}(u_1) + \deg_{G_1}(u_2) \leqslant 2(n-1)$, 所以 $y \leqslant 2n+2$, 完成证明.

如果 $\ell_1 = 1$, 不妨设 $u_1 \in L_1$, 则由条件 (1), 可得 G_i 是一个中心在 u_1 的星, $i = 2, 3$. 如果 $\deg_{G_1}(u_2) = 2$, 则 $u_1 v_0 \notin E(G_i)$, $i = 2, 3$. 在这种情况下, 我们有 $\deg_{G_1}(u_1) + \deg_{G_1}(u_2) \leqslant n-1+2$ 和 $\sum_{j=1}^{2} \deg_{G_i}(u_j) + \deg_{G_i}(v_0) \leqslant n$, $i = 2, 3$. 因此, $y \leqslant 3n+1$, 完成证明. 如果 $\deg_{G_1}(u_2) \leqslant 1$, 则 $\deg_{G_1}(u_1) + \deg_{G_1}(u_2) \leqslant n-1+1$. 又因为 $\sum_{j=1}^{2} \deg_{G_i}(u_j) + \deg_{G_i}(v_0) \leqslant n+2$, $i = 2, 3$, 所以 $y \leqslant 3n+4$, 完成证明.

情形 2: $\ell_1 = 0$.

如果 $\ell_2 = 3$, 则我们有 $E(G_1) = E(G_3) = \varnothing$. 因此 $y \leqslant 3n$, 完成证明. 如果 $\ell_2 = 0$, 则 $\sum_{j=1}^{2} \deg_{G_i}(u_j) + \deg_{G_i}(v_0) \leqslant 6$, $i = 2, 3$. 假设 $n \geqslant 4$, 则 $y \leqslant 16 \leqslant 3n+4$, 完成证明. 假设 $n = 3$. 如果 $\deg_{G_1}(u_1) + \deg_{G_1}(u_2) \geqslant 3$, 则 $\deg_{G_i}(v_0) \leqslant 1$, $i = 2, 3$. 因此, $y \leqslant 14$, 完成证明. 如果 $\deg_{G_1}(u_1) + \deg_{G_1}(u_2) \leqslant 2$, 则 $y \leqslant 14$. 下面我们分两种子情形完成证明.

情形 2.1: $\ell_2 = 2$.

我们可以假设 $u_1 \in L_2$. 如果 $v_0 \in L_2$, 则 $E(G_1) = \varnothing$ 和 $E(G_3) \subseteq \{v_0 u_1\}$. 我们又知 $\sum_{j=1}^{2} \deg_{G_2}(u_j) + \deg_{G_2}(v_0) \leqslant 2n+2$, 因此 $y \leqslant 2n+4$.

下面我们假设 $u_2 \in L_2$, 则 $E(G_1) \subseteq \{u_1 u_2\}$, $\deg_{G_3}(v_0) = 0$. 如果 $\deg_{G_3}(u_1) \geqslant 2$ 和

$\deg_{G_3}(u_2) \geqslant 2$, 则 $\deg_{G_2}(v_0) = 0$. 在这种情况下, 我们可以得到 $\deg_{G_1}(u_1) + \deg_{G_1}(u_2) \leqslant 2$ 和 $\sum_{j=1}^{2} \deg_{G_i}(u_j) + \deg_{G_i}(v_0) \leqslant 2(n-1)$, $i = 2, 3$. 因此 $y \leqslant 4n - 2$. 如果 $\deg_{G_3}(u_1) \leqslant 1$ 或者 $\deg_{G_3}(u_2) \leqslant 1$, 则 $\deg_{G_1}(u_1) + \deg_{G_1}(u_2) \leqslant 2$, $\sum_{j=1}^{2} \deg_{G_2}(u_j) + \deg_{G_2}(v_0) \leqslant 2n + 2$ 和 $\sum_{j=1}^{2} \deg_{G_3}(u_j) + \deg_{G_3}(v_0) \leqslant n - 1 + 1$. 因此 $y \leqslant 3n + 4$.

情形 2.2: $\ell_2 = 1$.

如果 $v_0 \in L_2$, 则 $E(G_1) = \varnothing$ 且 G_3 是一个中心在 v_0 的星. 在这种情况下, 我们可以得到 $\sum_{j=1}^{2} \deg_{G_2}(u_j) + \deg_{G_2}(v_0) \leqslant n + 4$ 和 $\sum_{j=1}^{2} \deg_{G_3}(u_j) + \deg_{G_3}(v_0) \leqslant n + 2$. 因此 $y \leqslant 2n + 6$. 相似地, 如果 $\ell_3 = 1$, 我们可以假设 $v_0 \notin L_3$.

不失一般性, 我们假设 $u_1 \in L_2$. 如果 $u_1 \in L_3$, 则 G_1 是一个中心在 u_1 的星且 $N_{G_i}(v_0) \subseteq \{u_1\}$, $i = 2, 3$. 所以我们有 $\deg_{G_1}(u_1) + \deg_{G_1}(u_2) \leqslant 3$ 和 $\sum_{j=1}^{2} \deg_{G_i}(u_j) + \deg_{G_i}(v_0) \leqslant n + 2 + 1$, $i = 2, 3$. 进一步, 如果 $\deg_{G_i}(u_2) = 2$, 则 $\deg_{G_j}(v_0) = 0$, $\{i, j\} = \{2, 3\}$. 又知 $n \geqslant 3$, 所以 $y \leqslant 2n + 9 - 2 \leqslant 3n + 4$.

如果 $u_2 \in L_3$, 则 $E(G_1) \subseteq \{u_1 u_2\}$, $N_{G_2}(v_0) \subseteq \{u_2\}$ 和 $N_{G_3}(v_0) \subseteq \{u_1\}$. 在这种情况下, 我们有 $\deg_{G_1}(u_1) + \deg_{G_1}(u_2) \leqslant 2$ 和 $\sum_{j=1}^{2} \deg_{G_i}(u_j) + \deg_{G_i}(v_0) \leqslant (n-1) + 2 + 1$, $i = 2, 3$. 又知 $n \geqslant 3$, 所以 $y \leqslant 2n + 6 \leqslant 3n + 4$.

假设 $\ell_3 = 0$. 因为 $u_1 \in L_2$, $N_{G_3}(v_0) \subseteq \{u_1\}$, 且 G_1 是一个中心在 u_1 的星, 所以 $\deg_{G_1}(u_1) + \deg_{G_1}(u_2) \leqslant 3$. 如果 $\deg_{G_3}(u_2) = 2$, 则 $N_{G_2}(v_0) \subseteq \{u_2\}$. 在这种情况下, 我们有 $\sum_{j=1}^{2} \deg_{G_2}(u_j) + \deg_{G_2}(v_0) \leqslant (n-1) + 2 + 1$ 和 $\sum_{j=1}^{2} \deg_{G_3}(u_j) + \deg_{G_3}(v_0) \leqslant 2 + 2 + 1$. 因此 $y \leqslant n + 10 \leqslant 3n + 4$. 如果 $\deg_{G_1}(u_1) = 2$, 则 $N_{G_2}(v_0) \subseteq \{u_1\}$. 在这种情况下, 我们有 $\sum_{j=1}^{2} \deg_{G_2}(u_j) + \deg_{G_2}(v_0) \leqslant n + 2 + 1$ 和 $\sum_{j=1}^{2} \deg_{G_3}(u_j) + \deg_{G_3}(v_0) \leqslant 2 + 1 + 1$. 因此 $y \leqslant n + 10 \leqslant 3n + 4$. 现在我们得到 $\deg_{G_1}(u_1) + \deg_{G_1}(u_2) \leqslant 2$, $\sum_{j=1}^{2} \deg_{G_2}(u_j) + \deg_{G_2}(v_0) \leqslant n + 2 + 2$ 和 $\sum_{j=1}^{2} \deg_{G_3}(u_j) + \deg_{G_3}(v_0) \leqslant 2 + 1 + 1$, 所以 $y \leqslant n + 10 \leqslant 3n + 4$. □

引理 1.5.12 给定两个不交的顶点集合 $A = \{u_1, u_2, \cdots, u_a\}$ 和 $B = \{v_1, v_2, \cdots, v_b\}$, 其中 $a \geqslant 3$, $b \geqslant 1$. 令 G_i 是顶点集合为 $A \cup B$ 的一般图, $i = 1, 2, 3$. 假设 G_1 中顶点集合 B 的所有顶点都是孤立顶点和 G_i 的每一条边都包含 A 中至少一个顶点, $i = 2, 3$. 如果不存在满足下面两种可能的两条不交边: (1) 一条边来自 G_1, 另一条边来自 G_2 或者 G_3; (2) 一条边来自 G_2, 另一条边来自 G_3, 且这两条边中有一条包含 B 中的顶点, 则

$$z = \sum_{i=1}^{3} \left(\sum_{j=1}^{2} \deg_{G_i}(u_j) + \deg_{G_i}(v_1) \right) \leqslant \max\{14, 4a - 2, 3a + 4, 2(a + b - 1) + a + 4\}.$$

证明 如果在 G_2 和 G_3 中，u_1 和 u_2 在 $B \setminus \{v_1\}$ 中都没有相邻的顶点，则我们有

$$z = \sum_{i=1}^{3} \left(\sum_{j=1}^{2} \deg_{G_i[A \cup \{v_1\}]}(u_j) + \deg_{G_i[A \cup \{v_1\}]}(v_1) \right). \tag{1.8}$$

由引理 1.5.11, 结论成立. 不失一般性, 下面我们假设 $u_1 u_2 \in E(G_2)$, 则 $b \geqslant 2$. 由条件 (1) 可知 $N_{G_1}(u_2) \subseteq \{u_1\}$. 注意到 $\deg_{G_1}(v_1) = 0$. 如果 u_1, u_2, v_1 在 G_1 和 G_3 中是孤立顶点, 则 $z \leqslant 2(a+b-1)+a$. 所以我们假设 u_1, u_2, v_1 中有一个顶点在 G_1 或者 G_3 中不是孤立顶点. 由条件 (1) 和 (2), 我们仅需要考虑下面七种情形.

情形 1: 存在 $i \in \{3, \cdots, a\}$, 不妨设 $i = 3$, 满足 $u_1 u_3 \in E(G_1)$.

在这种情形下, 我们有 $N_{G_2}(u_2) \subseteq \{u_1, u_3\}$, $N_{G_3}(u_2) \subseteq \{u_1\}$, $N_{G_2}(v_1) \subseteq \{u_1, u_3\}$ 和 $N_{G_3}(v_1) \subseteq \{u_1\}$. 如果 $u_2 u_3 \in E(G_2)$, 则 $u_1 v_1, u_1 v_2 \notin E(G_3)$. 现在我们得到 $\sum_{i=1}^{3} \deg_{G_i}(u_1) \leqslant (a-1) + 2(a+b-1) - 2$, $\sum_{i=1}^{3} \deg_{G_i}(u_2) \leqslant 4$ 和 $\sum_{i=1}^{3} \deg_{G_i}(v_1) \leqslant 2$. 因此 $z \leqslant 2(a+b-1)+a+4$. 相似地, 如果 $v_1 u_3 \in E(G_2)$, 则 $u_1 u_2 \notin E(G_1) \cup E(G_3)$. 因此我们可以假设 $u_2 u_3, v_1 u_3 \notin E(G_2)$. 此时有 $\sum_{i=1}^{3} \deg_{G_i}(u_1) \leqslant (a-1) + 2(a+b-1)$, $\sum_{i=1}^{3} \deg_{G_i}(u_2) \leqslant 3$ 和 $\sum_{i=1}^{3} \deg_{G_i}(v_1) \leqslant 2$, 所以 $z \leqslant 2(a+b-1)+a+4$.

情形 2: $u_1 u_2 \in E(G_1)$.

在这种情况下, 我们可以得到 $\deg_{G_1}(u_1) = \deg_{G_1}(u_2) = 1$, 也可以得到 $N_{G_3}(u_2) \subseteq \{u_1, v_2\}$, $N_{G_2}(v_1) \subseteq \{u_1, u_2\}$ 和 $N_{G_3}(v_1) \subseteq \{u_1\}$.

如果 $u_2 v_2 \in E(G_3)$, 则 $N_{G_2}(u_1) \subseteq \{v_2, u_2\}$. 如果存在 $i_0 \in \{1, \cdots, b\}$ 满足 $u_2 v_{i_0} \in E(G_2)$, 则我们有 $N_{G_3}(u_1) \subseteq \{u_2, v_{i_0}\}$. 在这种情况下, 我们可知 $\sum_{i=1}^{3} \deg_{G_i}(u_1) \leqslant 5$, $\sum_{i=1}^{3} \deg_{G_i}(u_2) \leqslant (a+b-1) + 3$ 和 $\sum_{i=1}^{3} \deg_{G_i}(v_1) \leqslant 3$. 因此由 $a \geqslant 3, b \geqslant 2$ 可得, $z \leqslant (a+b-1)+11 \leqslant 2(a+b-1)+a+4$. 所以我们可以假设 $N_{G_2}(u_2) \subseteq A \setminus \{u_2\}$, 则有 $\sum_{i=1}^{3} \deg_{G_i}(u_1) \leqslant (a+b-1)+3$, $\sum_{i=1}^{3} \deg_{G_i}(u_2) \leqslant (a-1)+3$ 和 $\sum_{i=1}^{3} \deg_{G_i}(v_1) \leqslant 3$. 同样地, 由 $a \geqslant 3, b \geqslant 2$ 可以得到 $z \leqslant (a+b-1)+a+8 \leqslant 2(a+b-1)+a+4$.

现在我们假设 $u_2 v_2 \notin E(G_3)$. 此时有 $\deg_{G_3}(u_2) \leqslant 1$. 如果存在 $i_0 \in \{2, \cdots, b\}$ 满足 $u_2 v_{i_0} \in E(G_2)$, 则 $N_{G_3}(u_1) \subseteq \{u_2, v_{i_0}\}$. 在此种情形下, 我们可以得到 $\sum_{i=1}^{3} \deg_{G_i}(u_1) \leqslant (a+b-1)+3$, $\sum_{i=1}^{3} \deg_{G_i}(u_2) \leqslant (a+b-1)+2$ 和 $\sum_{i=1}^{3} \deg_{G_i}(v_1) \leqslant 2$, 所以 $z \leqslant 2(a+b-1)+7 \leqslant 2(a+b-1)+a+4$. 因此我们可以假设 $N_{G_2}(u_2) \cap B \subseteq \{v_1\}$. 如果 $u_2 v_1 \in E(G_2)$, 则 $N_{G_3}(u_1) \subseteq \{u_2, v_1\}$. 在这种情况下, 我们有 $\sum_{i=1}^{3} \deg_{G_i}(u_1) \leqslant (a+b-1)+3$, $\sum_{i=1}^{3} \deg_{G_i}(u_2) \leqslant a+2$ 和 $\sum_{i=1}^{3} \deg_{G_i}(v_1) \leqslant 3$, 所以 $z \leqslant (a+b-1)+a+8 \leqslant 2(a+b-1)+a+4$, 完成证明. 因此 $N_{G_2}(u_2) \cap B = \varnothing$. 现在我们有 $\sum_{i=1}^{3} \deg_{G_i}(u_1) \leqslant 2(a+b-1)+1$,

$\sum_{i=1}^{3} \deg_{G_i}(u_2) \leqslant a+1$ 和 $\sum_{i=1}^{3} \deg_{G_i}(v_1) \leqslant 2$, 所以 $z \leqslant 2(a+b-1)+a+4$.

由情形 1 和情形 2, 我们可知 $\deg_{G_1}(u_1) = \deg_{G_1}(u_2) = \deg_{G_1}(v_1) = 0$.

情形 3: 存在 $2 \leqslant i \leqslant b$ 满足 $u_1 v_i \in E(G_3)$.

在此种情形下, 我们有 $N_{G_2}(u_2) \subseteq \{u_1, v_i\}$, $N_{G_3}(u_2) \subseteq \{u_1, v_2\}$, $N_{G_2}(v_1) \subseteq \{u_1\}$ 和 $N_{G_3}(v_1) \subseteq \{u_1\}$, 所以 $z \leqslant 2(a+b-1)+a+4$.

情形 4: $u_1 v_1 \in E(G_3)$.

在此种情形下, 我们有 $N_{G_2}(u_2) \subseteq \{u_1, v_1\}$, $N_{G_3}(u_2) \subseteq \{u_1, v_2\}$ 和 $N_{G_3}(v_1) \subseteq \{u_1\}$. 由情形 3, 可知 $\deg_{G_3}(u_1) \leqslant a$, 所以我们有 $\sum_{i=1}^{3} \deg_{G_i}(u_1) \leqslant (a+b-1)+a$, $\sum_{i=1}^{3} \deg_{G_i}(u_2) \leqslant 4$ 和 $\sum_{i=1}^{3} \deg_{G_i}(v_1) \leqslant a+1$, 因此 $z \leqslant 2(a+b-1)+a+4$.

情形 5: 存在 $3 \leqslant i \leqslant a$, 不妨设 $i = 3$, 满足 $u_1 u_3 \in E(G_3)$.

在这种情形下, 我们有 $N_{G_2}(u_2) \subseteq A \setminus \{u_2\}$, $N_{G_3}(u_2) \subseteq \{u_1, v_2\}$, $N_{G_2}(v_1) \subseteq \{u_1, u_3\}$, $N_{G_3}(v_1) \subseteq \{u_1\}$ 和 $N_{G_3}(u_1) \subseteq A \setminus \{u_1\}$, 所以 $\sum_{i=1}^{3} \deg_{G_i}(u_1) \leqslant (a+b-1)+(a-1)$, $\sum_{i=1}^{3} \deg_{G_i}(u_2) \leqslant (a-1)+2$ 和 $\sum_{i=1}^{3} \deg_{G_i}(v_1) \leqslant 3$, 因此 $z \leqslant (a+b-1)+2a+3 \leqslant 2(a+b-1)+a+4$.

情形 6: $u_1 u_2 \in E(G_3)$.

在这种情形下, 我们可以得到 $N_{G_3}(u_2) \subseteq \{u_1, v_2\}$, $N_{G_2}(v_1) \subseteq \{u_1, u_2\}$, $N_{G_3}(v_1) \subseteq \{u_1\}$ 和 $N_{G_3}(u_1) \subseteq \{u_2\}$, 所以 $\sum_{i=1}^{3} \deg_{G_i}(u_1) \leqslant (a+b-1)+1$, $\sum_{i=1}^{3} \deg_{G_i}(u_2) \leqslant (a+b-1)+2$ 和 $\sum_{i=1}^{3} \deg_{G_i}(v_1) \leqslant 3$. 因此 $z \leqslant 2(a+b-1)+6 \leqslant 2(a+b-1)+a+4$.

由情形 4, 情形 5 和情形 6, 我们可知 $\deg_{G_3}(u_1) = 0$.

情形 7: $u_2 v_2 \in E(G_3)$.

此时我们有 $N_{G_3}(u_2) \subseteq \{u_1, v_2\}$, $N_{G_2}(v_1) \subseteq \{u_2\}$, $N_{G_3}(v_1) \subseteq \{u_1\}$ 和 $N_{G_2}(u_1) \subseteq \{u_2, v_2\}$. 所以 $\sum_{i=1}^{3} \deg_{G_i}(u_1) \leqslant 2$, $\sum_{i=1}^{3} \deg_{G_i}(u_2) \leqslant (a+b-1)+2$ 和 $\sum_{i=1}^{3} \deg_{G_i}(v_1) \leqslant 2$, 因此 $z \leqslant (a+b-1)+6$. $\qquad\square$

引理 1.5.13 设 $G = (V(G), E(G))$ 是一个图, 满足 $|V(G)| = n$ 和 $|E(G)| = m$, 则 $\alpha'(G) \geqslant \frac{m}{n}$, 其中 $\alpha'(G)$ 是 G 的匹配数, 且这个界是紧的.

证明 我们对顶点个数 n 进行归纳. 如果 $n = 2, 3$, 结论显然成立. 下面假设 $n \geqslant 4$. 我们用 u 表示 G 中度数最小的顶点. 如果 u 是一个孤立顶点, 则 $G' = G - u$ 是一个有 $n-1$ 个顶点和 m 条边的图. 由归纳可得, $\alpha'(G) = \alpha'(G') \geqslant \frac{m}{n-1} > \frac{m}{n}$. 假设 $\deg_G(u) \geqslant 1$

和 $uv \in E(G)$. 显然 $\deg_G(u) \leqslant 2m/n$ 和 $\deg_G(v) \leqslant n-1$. 可以推出

$$\deg_G(u) + \deg_G(v) \leqslant \frac{2m}{n} + n - 1, \tag{1.9}$$

所以

$$\frac{m - \deg_G(u) - \deg_G(v) + n - 1}{n - 2} \geqslant \frac{m}{n}, \tag{1.10}$$

我们令 $H = G - \{u, v\}$. 显然 $|E(H)| \geqslant m - \deg_G(u) - \deg_G(v) + 1$, $|V(H)| = n - 2$ 和 $\alpha'(G) \geqslant \alpha'(H) + 1$. 由归纳法可得,

$$\alpha'(G) \geqslant \alpha'(H) + 1 \geqslant \frac{|E(H)|}{|V(H)|} + 1 \geqslant \frac{m - \deg_G(u) - \deg_G(v) + 1}{n - 2} + 1$$
$$= \frac{m - \deg_G(u) - \deg_G(v) + n - 1}{n - 2} \geqslant \frac{m}{n}.$$

进一步, 对于完全图 $K_{2\ell-1}$,

$$\alpha'(K_{2\ell-1}) = \ell - 1 = \frac{|E(K_{2\ell-1})|}{|V(K_{2\ell-1})|}.$$

因此, 界是紧的. $\qquad\square$

令 $k \geqslant 3$. 我们用 $K_{k,n}^{(k-1)}$ 表示完全 n 平衡 k 部 $k-1$ 一致超图, 其中顶点集合可以分成 k 部, 每一部包含 n 个顶点; 边集包含满足没有两个顶点在同一部的所有 $k-1$ 子集. 令 M 是 k 一致超图 H 边集合的一个划分, 如果 M 的每一个元素都是 H 的一个完美匹配, 则称 M 是 H 的一个完美匹配分解. 读者想要了解更多的多部超图的分解问题可以参考文献 [56]$\sim$ [60], 一般超图的分解问题可以参考文献 [61]$\sim$ [66].

引理 1.5.14 如果 $k-1 \mid n$ 且 $\left(\frac{n}{k-1}, k-1\right) = 1$, 则完全 n 平衡 k 部 $k-1$ 一致超图 $K_{k,n}^{(k-1)}$ 有一个完美匹配分解.

准备工作:

给定 $k \geqslant 2, n \geqslant 2$, 我们用符号 $K_{k+1,n}^{(k)}$ 表示完全 n 平衡 $(k+1)$ 部 k 一致超图. 显然 $|E(K_{k+1,n}^{(k)})| = (k+1)n^k$. $V(K_{k+1,n}^{(k)})$ 的 $k+1$ 部顶点集合表示为 $V^1, \cdots, V^{k+1}$, 其中 $|V^i| = n$. 用 $u_1^i = 0, u_2^i = 1, \cdots, u_n^i = n-1$ 表示 V^i 的 n 个元素, 其中 $i \in \{1, \cdots, k+1\}$. 给定一条边 $\{u^{j_1}, u^{j_2}, \cdots, u^{j_k}\} \in E(K_{k+1,n}^{(k)})$, 其中 $u^{j_i} \in V^{j_i}$, 我们称它是类型为 $V^{j_1}V^{j_2}\ldots V^{j_k}$ 的边. 显然, n 平衡 $(k+1)$ 部 k 一致超图 $K_{k+1,n}^{(k)}$ 中包含 $k+1$ 种不同类型的边, 它们分别是 $V^1 \cdots V^{\ell-1}V^{\ell+1} \cdots V^{k+1}$, $\ell \in [k+1]$.

我们用 A 表示一个 $n \times (k+1)$ 矩阵. 如果 A 的每一列是 $\{0, 1, \cdots, n-1\}$ 的一个置换, 则我们称 A 是一个拟拉丁方. 令 $\mathcal{A} = \{A : A \text{是一个} n \times (k+1) \text{的拟拉丁方}\}$, 则 $|\mathcal{A}| = (n!)^{k+1}$.

引理 1.5.14 的证明:

给定一个矩阵 $A = (u_{i,j})$, 其中 $A \in \mathcal{A}$. 我们把 A 中所有的元素划分成

$$\{u_{1,1}, \cdots, u_{1,k}\}, \{u_{1,k+1}, \cdots, u_{2,k-1}\}, \{u_{2,k}, u_{2,k+1}, \cdots, u_{3,k-2}\}, \cdots, \{u_{n,2}, \cdots, u_{n,k+1}\}. \tag{1.11}$$

我们记 $V^i = \{u_{1,i}, u_{2,i}, \cdots, u_{n,i}\}$, $1 \leqslant i \leqslant k+1$, 则式 (1.11) 中的每一部分对应 $K_{k+1,n}^{(k)}$ 的一条边. 实际上, 式 (1.11) 中的 $\frac{(k+1)n}{k}$ 部分对应 $K_{k+1,n}^{(k)}$ 的一个完美匹配, 表示为 $M_{\mathcal{A}}$.

由构造 (1.11) 可知, $K_{k+1,n}^{(k)}$ 中与之对应的完美匹配 $M_{\mathcal{A}}$ 包含 n/k 条类型为 $V^2 \cdots V^{k+1}$ 的边

$$\left\{u_{ik,2}, \ldots, u_{ik,k+1}\right\}, \quad i \in \left[\frac{n}{k}\right] \tag{1.12}$$

和 n/k 条类型为 $V^1 \cdots V^{\ell-1} V^{\ell+1} \cdots V^{k+1}$, $2 \leqslant \ell \leqslant k+1$ 的边

$$\left\{u_{ik-\ell+2,1}, \ldots, u_{ik-\ell+2,\ell-1}, u_{ik-\ell+1,\ell+1}, \ldots, u_{ik-\ell+1,k+1}\right\}, \quad i \in \left[\frac{n}{k}\right]. \tag{1.13}$$

例 1.5.1 见图 1.4, 左边是一个拟拉丁方, 我们还记得 $u_1^i = 0, u_2^i = 1, \cdots, u_n^i = n-1$, $i \in \{1, \cdots, k+1\}$, 根据构造 (1.11), 我们可以得到下面的完美匹配:

$$\{\{u_1^1, u_2^2, u_3^3\}, \{u_4^4, u_2^1, u_3^2\}, \{u_4^3, u_5^4, u_3^1\}, \{u_4^2, u_5^3, u_6^4\},$$

$$\{u_4^1, u_5^2, u_6^3\}, \{u_1^4, u_5^1, u_6^2\}, \{u_1^3, u_2^4, u_6^1\}, \{u_1^2, u_2^3, u_3^4\}\}.$$

明显这四种类型的边 $V^1 V^2 V^3$, $V^4 V^1 V^2$, $V^3 V^4 V^1$, $V^2 V^3 V^4$ 在完美匹配中循环出现, 周期是 4. 这个完美匹配包含每种类型的边两条, 其中边 $\{u_1^1, u_2^2, u_3^3\}$ 和边 $\{u_4^1, u_5^2, u_6^3\}$ 是 $V^1 V^2 V^3$ 类型的; 边 $\{u_4^4, u_2^1, u_3^2\}$ 和边 $\{u_1^4, u_5^1, u_6^2\}$ 是 $V^4 V^1 V^2$ 类型的; 边 $\{u_4^3, u_5^4, u_3^1\}$ 和边 $\{u_1^3, u_2^4, u_6^1\}$ 是 $V^3 V^4 V^1$ 类型的; 边 $\{u_4^2, u_5^3, u_6^4\}$ 和边 $\{u_1^2, u_2^3, u_3^4\}$ 是 $V^2 V^3 V^4$ 类型的.

如果 $n \times (k+1)$ 矩阵 $A = (u_{i,j})$ 满足下面三个性质:

(i) $u_{1,1} \in \{0, 1, \cdots, k-1\}$;

(ii) $u_{1,1} + u_{1,2} + \cdots + u_{1,k+1} \equiv 0 \pmod{n}$;

(iii) 对于任意 $1 \leqslant j \leqslant k+1$ 和任意 $1 \leqslant i \leqslant n-1$, $u_{i+1,j} \equiv u_{i,j} + 1 \pmod{n}$,

$$
\begin{bmatrix}
0 & 1 & 2 & 3 \\
1 & 2 & 3 & 4 \\
2 & 3 & 4 & 5 \\
3 & 4 & 5 & 0 \\
4 & 5 & 0 & 1 \\
5 & 0 & 1 & 2
\end{bmatrix}
$$

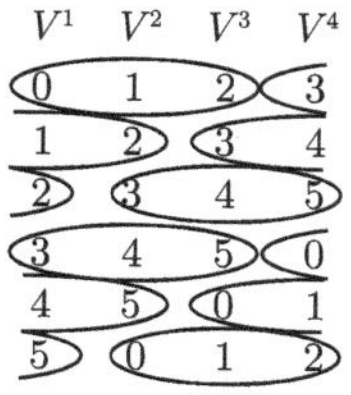

图 1.4　左边是一个拟拉丁方，右边是与其对应 $K_{4,6}^{(3)}$ 的一个完美匹配

我们就称 $\boldsymbol{A} = (u_{i,j})$ 具有性质 1，图 1.4 的左边就是一个满足性质 1 的矩阵. 显然，如果 $\boldsymbol{A}$ 具有性质 1，则 $\boldsymbol{A} \in \mathcal{A}$，同时我们也称其对应的完美匹配 $M_{\mathcal{A}}$ 具有性质 1. 令 $\mathcal{A}_1 = \{\boldsymbol{A} | \boldsymbol{A} \in \mathcal{A}, \boldsymbol{A}$ 具有性质 $1\}$. 我们容易得到下面的断言.

断言 1.5.1　$|\mathcal{A}_1| = kn^{k-1}$.

断言 1.5.2　$K_{k+1,n}^{(k)}$ 的每一条边都被包含在一个完美匹配 $M_{\mathcal{A}}$ 之中，其中 $\boldsymbol{A} \in \mathcal{A}_1$.

证明　$K_{k+1,n}^{(k)}$ 的顶点集合可以被平均分成 $k+1$ 个顶点不交的子集 $V^1, \cdots, V^{k+1}$，且每一条边都不包含来自同一部的两个顶点. 令 e 是 $K_{k+1,n}^{(k)}$ 的一条边. 我们分下面两种情形讨论.

情形 1：$e \cap V^1 \neq \varnothing$.

令 $e = \{u^1, \cdots, u^{\ell-1}, u^{\ell+1}, \cdots, u^{k+1}\}$，其中 $2 \leqslant \ell \leqslant k+1$ 和 $u^j \in V^j, j \in [k+1] \setminus \{\ell\}$. 现在我们构造一个矩阵 $\boldsymbol{A} = (u_{i,j})$，且 $\boldsymbol{A} \in \mathcal{A}_1, e \in M_{\mathcal{A}}$. 实际上我们仅需要决定每一个 $u_{1,j}, j \in [k+1]$，使得它们满足 $u_{1,1} + \cdots + u_{1,k+1} \equiv 0 (\mathrm{mod}\, n)$. 之后，我们按照 (iii) 去决定其他的 $u_{i,j}, i \in [n] \setminus \{1\}, j \in [k+1]$.

设 $u^1 = pk + q$，其中 $0 \leqslant p \leqslant \frac{n}{k} - 1, 0 \leqslant q \leqslant k - 1$. 如果 $q + \ell - k - 1 \geqslant 0$，则当 $j < \ell$ 时，取 $u_{1,j} = u^j - (pk + k + 1 - \ell) \,(\mathrm{mod}\, n)$，当 $j > \ell$ 时，取 $u_{1,j} = u^j - (pk + k - \ell) \,(\mathrm{mod}\, n)$. 如果 $q + \ell - k - 1 < 0$，则当 $j < \ell$ 时，我们取 $u_{1,j} = u^j - (pk + 1 - \ell) \,(\mathrm{mod}\, n)$，当 $j > \ell$ 时，我们取 $u_{1,j} = u^j - (pk - \ell) \,(\mathrm{mod}\, n)$. 最后我们取

$$
u_{1,\ell} = -(u_{1,1} + \cdots + u_{1,\ell-1} + u_{1,\ell+1} + \cdots + u_{1,k+1})(\,\mathrm{mod}\, n)
$$

确保条件 (ii) 成立. 此时显然 $u_{1,1} \in \{0, 1, \cdots, k-1\}$ 且 $\boldsymbol{A} \in \mathcal{A}_1$.

在矩阵 $\boldsymbol{A} = (u_{i,j})$ 上，按照构造 (1.11)，我们可以得到 $K_{k+1,n}^{(k)}$ 的一个完美匹配 $M_{\mathcal{A}}$ 与矩阵 $\boldsymbol{A}$ 对应. 下面我们证明 $\{u^1, \cdots, u^{\ell-1}, u^{\ell+1}, \cdots, u^{k+1}\} \in M_{\mathcal{A}}$. 根据式 (1.13)，我们得到

$$
\{u_{pk+k-\ell+2,1}, \ldots, u_{pk+k-\ell+2,\ell-1}, u_{pk+k-\ell+1,\ell+1}, \ldots, u_{pk+k-\ell+1,k+1}\} \in M_{\mathcal{A}}
$$

和

$$\{u_{pk-\ell+2,1}, \ldots, u_{pk-\ell+2,\ell-1}, u_{pk-\ell+1,\ell+1}, \ldots, u_{pk-\ell+1,k+1}\} \in M_{\mathcal{A}}.$$

首先考虑 $q+\ell-k-1 \geqslant 0$ 的情形. 此时当 $j < \ell$ 时, 有 $u_{1,j} = u^j - (pk+k+1-\ell) \pmod n$; 当 $j > \ell$ 时, 有 $u_{1,j} = u^j - (pk+k-\ell) \pmod n$. 进一步我们可以得到

$$u_{pk+k-\ell+2,j} = u^j - (pk+k+1-\ell) + pk+k-\ell+2-1 (\mathrm{mod\ n}) = u^j, \quad j < \ell$$

和

$$u_{pk+k-\ell+1,j} = u^j - (pk+k-\ell) + pk+k-\ell+1-1 (\mathrm{mod\ n}) = u^j, \quad j > \ell.$$

其次考虑 $q+\ell-k-1 < 0$ 的情形. 当 $j < \ell$ 时, 有 $u_{1,j} = u^j - (pk+1-\ell) \pmod n$; 当 $j > \ell$ 时, 有 $u_{1,j} = u^j - (pk-\ell) \pmod n$. 进一步我们可以得到

$$u_{pk+2-\ell,j} = u^j - (pk+1-\ell) + pk+2-\ell-1 (\mathrm{mod\ n}) = u^j, \quad j < \ell$$

和

$$u_{pk+1-\ell,j} = u^j - (pk-\ell) + pk+1-\ell-1 (\mathrm{mod\ n}) = u^j, \quad j > \ell.$$

因此, 在任何情形下, 我们都可以得到 $e \in M_{\mathcal{A}}$.

情形 2: $e \cap V^1 = \varnothing$.

令 $e = \{u^2, u^3, \cdots, u^{k+1}\}$, 其中 $u^j \in V^j, 2 \leqslant j \leqslant k+1$. 现在我们构造一个矩阵 $\boldsymbol{A} = (u_{i,j})$ 且 $\boldsymbol{A} \in \mathcal{A}_1, e \in M_{\mathcal{A}}$.

令 $\boldsymbol{A} = (u_{i,j}) \in \mathcal{A}_1$, 按照式 (1.12), 我们知道 $M_{\mathcal{A}}$ 包含 n/k 条类型为 $V^2 \cdots V^{k+1}$ 的边:

$$\left\{u_{ik,2}, \ldots, u_{ik,k+1}\right\}, \quad i \in \left[\frac{n}{k}\right].$$

假设存在某一个 $i_0 \in [\frac{n}{k}]$ 满足 $\{u_{i_0k,2}, u_{i_0k,3}, \cdots, u_{i_0k,k+1}\} = \{u^2, u^3, \ldots, u^{k+1}\}$, 这样的话我们有 $u_{i_0k,j} = u^j, j = [k+1] \setminus \{1\}$. 根据条件 (iii), 我们可以推出当 $j = [k+1] \setminus \{1\}$ 时, $u_{1,j} = u_{i_0k,j} - i_0k + 1 = u^j - i_0k + 1$. 为了使 $\boldsymbol{A} = (u_{i,j}) \in \mathcal{A}_1$, 我们只需要找到一个 $u_{1,1} \in \{0, 1, \cdots, k-1\}$ 满足下面的同余方程:

$$u_{1,1} + \cdots + u_{1,k+1} \equiv 0 (\mathrm{mod}\, n)$$

$$\Rightarrow u_{1,1} + u^2 + \cdots + u^{k+1} - i_0k^2 + k \equiv 0 (\mathrm{mod}\, n)$$

$$\Leftrightarrow u_{1,1} \equiv -(u^2 + \cdots + u^{k+1}) + i_0k^2 - k (\mathrm{mod}\, n).$$

我们仅需要证明对于任意 $u^j \in V^j, 2 \leqslant j \leqslant k+1$, 可以找到一个 i_0 满足 $-(u^2+\cdots+u^{k+1})+i_0k^2-k(\bmod n) \in \{0,1,\cdots,k-1\}$. 因为 $(\frac{n}{k},k)=1$, 所以 $\{k^2,2k^2,\cdots,\frac{n}{k}k^2\}(\bmod n)=\{0,k,2k,\cdots,n-k\}$. 否则存在两个 $1 \leqslant i < j \leqslant \frac{n}{k}$ 满足 $ik^2 \equiv jk^2(\bmod n)$, 因此 $n \mid (j-i)k^2$, 其蕴含了 $\frac{n}{k} \mid (j-i)k$, 因为 $(\frac{n}{k},k)=1$ 且 $1 \leqslant j-i \leqslant \frac{n}{k}-1$, 所以矛盾. 因此, 无论 $-(u^2+\cdots+u^{k+1})-k$ 的值是多少, 我们都可以找到一个 $i_0 \in [\frac{n}{k}]$ 满足

$$-(u^2+\cdots+u^{k+1})+i_0k^2-k(\bmod n) \in \{0,1,\cdots,k-1\}. \qquad \square$$

引理 1.5.14 的证明: 因为 $K_{k+1,n}^{(k)}$ 包含 $(k+1)n^k$ 条边. 明显, $K_{k+1,n}^{(k)}$ 的每一个完美匹配包含 $\frac{n(k+1)}{k}$ 条边. 由断言 1.5.1, 可以得到有至多 kn^{k-1} 个完美匹配具有性质 1. 进一步联立断言 1.5.2, 我们得到任意两个具有性质 1 的不同的完美匹配是不相交的. 因此所有具有性质 1 的完美匹配一起构成了 $K_{k+1,n}^{(k)}$ 的一个完美匹配分解. 引理 1.5.14 得证. $\qquad \square$

引理 1.5.15 设 $H = (V_1 \cup V_2 \cup \cdots \cup V_k, E)$ 是一个 k 平衡 k 部 k 一致超图, 其中 $V_i = \{u_1^i, u_2^i, \cdots, u_{k-1}^i, v_k^i\}, i \in [k]$ 且 E 中没有包含两个顶点 $v_k^i, v_k^j, (i \neq j)$ 的边. 如果 H 不包含一个完美匹配, 则 $|E| \leqslant 2(k-1)^k$.

证明 令 $E_1 = \{e \in E \mid v_k^i \notin e, i \in [k]\}$, $E_2 = E \setminus E_1$, 显然 $|E_1| \leqslant (k-1)^k$. 所以我们只需要证明 $|E_2| \leqslant (k-1)^k$. 令 $V_i' = V_i \setminus \{V_k^i\}$. 给定一条边 $e \in E_2$, 设 $e = \{u_{i_1}^1, \cdots, u_{i_{\ell-1}}^{\ell-1}, v_k^\ell, u_{i_{\ell+1}}^{\ell+1}, \cdots, u_{i_k}^k\}$, 其中 $\ell \in [k]$, 我们定义 $e' = \{u_{i_1}^1, \cdots, u_{i_{\ell-1}}^{\ell-1}, u_{i_{\ell+1}}^{\ell+1}, \cdots, u_{i_k}^k\}$ 是 e 关于 $V_1', V_2', \cdots, V_k'$ 的 $(k-1)$-投影. 我们用 E' 表示 E_2 中所有边的 $(k-1)$-投影组成的集合. 现在我们得到一个 $(k-1)$ 平衡 k 部 $(k-1)$ 一致超图 $H' = (V_1' \cup V_2' \cup \cdots \cup V_k', E')$. 显然 $|E_2| = |E'|$.

因为 H 中每一个完美匹配 M 包含 k 条边且 H 中没有一条边包含两个顶点 v_k^i, v_k^j $(i \neq j)$, 所以 M 中每条边包含一个且仅包含一个顶点 $v_k^j, j \in [k]$, 进一步可推出 M 中的所有边都属于 E_2. 因此, 给定 H 中的每一个完美匹配 $M = \{e_1, \cdots, e_k\}$, 令 e_j' 表示 e_j 关于 $V_1', V_2', \cdots, V_k'$ 的 $(k-1)$-投影, 这样我们就得到 H' 的一个完美匹配 $M' = \{e_1', \cdots, e_k'\}$. 反过来, 给定 H' 的一个完美匹配 M', 我们也可以唯一确定 H 中唯一的一个完美匹配 M. 由引理 1.5.14, $(k-1)$ 平衡 k 部 $(k-1)$ 一致超图 $K_{k,k-1}^{(k-1)}$ 有一个完美匹配分解, 这也意味着 $K_{k,k-1}^{(k-1)}$ 的边可以分解成 $(k-1)^{k-1}$ 个不交的完美匹配 $M_i, i = 1, \cdots, (k-1)^{k-1}$. 如果 H' 是一个 $(k-1)$ 平衡 k 部 $(k-1)$ 一致超图且包含多于 $(k-1)^{k-1}$ 条边, 则由鸽笼原理, 存在某一个 i 满足 $|M_i \cap H'| > k-1$, 这样就可得到 H' 中的一个完美匹配 M', 进一步也决定了 H 中的一个完美匹配 M, 矛盾. 因此 $|E_2| = |E(H')| \leqslant (k-1)^k$. $\qquad \square$

1.6 讨论与小结

本章主要介绍了 k 一致超图中匹配的存在性问题, 特别介绍了从边数和度条件角度研究匹配存在性的最新进展. 本章涉及匹配的经典猜想和相关结论, 如 Rödl 等对匹配存在的度条件研究. 一些专家和学者将度条件的匹配结果推广到彩虹版本. 作者, 赵翌教授和陆玫教授将度条件推广到度和条件. 超图匹配存在的度条件或者度和条件研究都属于极值图论问题. 作者还介绍了度条件和度和条件的一系列极值图. 最后为了证明本书的主要结果, 作者还在本章介绍了一些极值引理. 其中, 引理 1.5.14 是超图的分解问题, 这个问题是组合图论中非常古老且重要的问题, 与其相关的最新研究进展和猜想, 读者可以参考文献 [61].

第 2 章 3 一致超图匹配存在的 Ore 条件研究 (I)

本章和下一章我们主要考虑 3 一致超图中两个相邻顶点的度和与匹配存在之间的关系. 为什么我们不考虑任意两个顶点的度和与匹配存在之间的关系? 因为仿照定理 1.2.7 的证明方法, 我们可以证明当 n 充分大且能被 3 整除时, 每一个阶为 n 的 3 一致超图 H 如果满足 $\sigma_2(H) \geqslant 2\left(\binom{n-1}{2} - \binom{n-s}{2}\right) + 1$, 则包含一个大小为 s 的匹配, 且这个界是紧的. 另外只有条件 σ_2'' 连大小为 2 的匹配都保证不了. 例如, 定义 H 是这样一个 3 一致超图, 其边集合由所有包含一个固定顶点的 3 元子集构成. 因为 H 中的任意两个顶点都是相邻的, 所以它满足任何关于 σ_2'' 的条件. 但是 H 不包含一个大小为 2 的匹配.

由于 3 一致超图 $H^1_{n,3,s}$ 和 $H^2_{n,3,s}$ 都不存在一个大小为 s 的匹配, 且它们满足 $\sigma_2'(H^2_{n,3,s}) > \sigma_2'(H^1_{n,3,s})$, 所以对于一个 3 一致超图 H, 它的任意两个相邻顶点的度和大于 $\sigma_2'(H^1_{n,3,s})$ 并不能保证它一定包含一个大小为 s 的匹配, 因为它可能是 $H^2_{n,3,s}$ 的子图. 在本章中, 我们主要证明: 假设 H 是一个阶为 $n \geqslant 4s + 7$, $n \geqslant 323$ 且没有孤立顶点的 3 一致超图. 如果 $\sigma_2'(H) > \sigma_2'(H^1_{n,3,s})$, 则 H 包含一个大小为 s 的匹配当且仅当 H 不是 $H^2_{n,3,s}$ 的子图.

在证明这个结果之前, 我们首先证明: (1) 假设 H 是一个阶为 $n \geqslant 9s^2$ 且没有孤立顶点的 3 一致超图, 如果 $\sigma_2'(H) > 2\left(\binom{n-1}{2} - \binom{n-s}{2}\right) = \sigma_2'(H^1_{n,3,s})$, 则 H 包含一个大小为 s 的匹配当且仅当 H 不是 $H^2_{n,3,s}$ 的子图; (2) 假设 H 是一个阶为 $n \geqslant 13s$ 没有孤立顶点的 3 一致超图, 如果 $\sigma_2'(H) > 2\left(\binom{n-1}{2} - \binom{n-s}{2}\right) = \sigma_2'(H^1_{n,3,s})$, 则 H 包含一个大小为 s 的匹配当且仅当 H 不是 $H^2_{n,3,s}$ 的子图. 它们的证明方法与 $n \geqslant 9s^2$ 和 $n \geqslant 13s$ 的证明方法各不相同. 我们也把它们的证明列在下面.

2.1 超图的阶 $n \geqslant 9s^2$

定理 2.1.1 [67] 假设 H 是一个阶为 $n \geqslant 9s^2$ 且没有孤立顶点的 3 一致超图. 如果 $\sigma_2'(H) > 2\left(\binom{n-1}{2} - \binom{n-s}{2}\right) = \sigma_2'(H^1_{n,3,s})$, 则 H 包含一个大小为 s 的匹配当且仅当 H 不是 $H^2_{n,3,s}$ 的子图.

我们分 $s = 2$, $s = 3$ 和 $s \geqslant 4$ 三种情况证明定理 2.1.1. 对于大小为 2 的匹配和大小为 3 的匹配, 我们有下面两个引理.

引理 2.1.1　给定一个阶为 $n \geqslant 9$ 的 3 一致超图 H. 如果 $\sigma_2'(H) > 2\left[\binom{n-1}{2} - \binom{n-2}{2}\right] = 2(n-2)$，则 H 包含一个大小为 2 的匹配当且仅当 H 不是 $H_{n,3,2}^2$ 的子图.

引理 2.1.2　给定一个阶为 $n \geqslant 20$ 的 3 一致超图 H. 如果 $\sigma_2'(H) > 2\left[\binom{n-1}{2} - \binom{n-2}{2}\right] = 2(2n-5)$，则 H 包含一个大小为 3 的匹配当且仅当 H 不是 $H_{n,3,3}^2$ 的子图.

在证明这两个引理之前，我们需要做一些准备工作，假设对于任意两个相邻的顶点 $u, v \in V(H)$，有 $\deg(u) + \deg(v) > 2\left[\binom{n-1}{2}, -\binom{n-s}{2}\right]$. 设 M 是 H 的一个最大匹配. 记 $U = \{v \in V(H) \mid \deg(v) \geqslant \binom{n-1}{2} - \binom{n-s}{2} + 1\}$，则对于任意的边 $e \in E(H)$ 满足 $|e \cap U| \geqslant 2$. 假设 $|U \setminus (\cup_{e \in M} e)| \geqslant 2$. 令 $u_1, u_2 \in U \setminus (\cup_{e \in M} e)$ 和 $S = V \setminus (\cup_{e \in M} e \cup \{u_1, u_2\})$. 我们有下面两个命题.

命题 2.1.1　给定一条匹配边 $e \in M$. 如果 $|N_S(u_1) \cap e| \geqslant 2$，则 $|N_{e,S}(u_2)| \leqslant 3$.

证明　设 $w_1 \in N(u_1, v) \cap S$，$w_2 \in N(u_1, v') \cap S$，其中 $v, v' \in e$ 且 $v \neq v'$. 因为 M 是一个最大匹配，如果 $w_1 \neq w_2$，则 $N_{e,S}(u_2) \subseteq \{\{w_1, v'\}, \{w_2, v\}\}$；如果 $w_1 = w_2$，则 $N_{e,S}(u_2) \subseteq \{\{w_1, v'\}, \{w_1, v\}, \{w_1, v''\}\}$，其中 $v'' \in e \setminus \{v, v'\}$. 因此 $|N_{e,S}(u_2)| \leqslant 3$. □

命题 2.1.2　给定一条匹配边 $e \in M$ 和该边中的一个顶点 $v \in e$. 如果 $|N(u_1, v) \cap S| \geqslant 2$，则对于任意的顶点 $x \in e \setminus \{v\}$ 都有 $N(u_2, x) \cap S = \varnothing$.

证明　设 $w_1, w_2 \in N(u_1, v) \cap S$ 且 $w_1 \neq w_2$. 用反证法证明，假设 $x \in e \setminus \{v\}$ 和 $w \in S$ 满足 $w \in N(u_2, x)$. 不妨假设 $w \neq w_1$. 令 $M' = (M \setminus \{e\}) \cup \{\{u_1, v, w_1\}, \{u_2, x, w\}\}$. 此时我们可以得到一个更大的匹配 M'，矛盾. □

引理 2.1.1 的证明：

我们只需要证明：如果 3 一致超图 H 满足条件 $\sigma_2'(H) > 2(n-2)$ 且不包含一个大小为 2 的匹配，则 H 是 $H_{n,3,2}^2$ 的一个子图.

令 $U = \{v \in V(H) \mid \deg(v) \geqslant n-1\}$. 我们只需要证明 $|U| \leqslant 3$. 用反证法证明，假设 $|U| \geqslant 4$. 由条件 $\sigma_2'(H) > 2(n-2)$ 可知 $E(H)$ 不是空集. 给定一条边 $e = \{v_1, v_2, v_3\} \in E(H)$，则 $|e \cap U| \geqslant 2$，不妨假设 $v_1, v_2 \in U$.

我们可以假设 $|U \setminus e| \geqslant 2$. 如果 $|U \setminus e| = 1$，则 $|U| = 4$ 且 $v_i \in U$，$i = 1, 2, 3$. 因为 $n \geqslant 9$，所以有一条边 $e' \in E(H)$ 满足 $|e' \cap U| = 2$，此时有 $|U \setminus e'| = 2$.

设 $u_1, u_2 \in U \setminus e$，$Y = e \cup \{u_1, u_2\}$ 和 $S = V(H) \setminus Y$. 显然有 $|N_{Y,Y}(u_2)| \leqslant \binom{4}{2}$. 因为 H 不包含一个大小为 2 的匹配，所以 $N(u_1, u_2) \cap S = \varnothing$，$N_{S,S}(u_i) = \varnothing$，$i = 1, 2$. 因为 $u_i \in U$，$i = 1, 2$，可知 $N_S(u_i) \cap e \neq \varnothing$. 如果 $|N_S(u_1) \cap e| \geqslant 2$，即有两个不同的顶点 $v, v' \in e$ 满足 $N(u_1, v) \cap S \neq \varnothing$ 和 $N(u_1, v') \cap S \neq \varnothing$，则由命题 2.1.1，可以得到 $|N_{e,S}(u_2)| \leqslant 3$. 因

为 H 不包含一个大小为 2 的匹配, 所以 $\{u_2,v,x\},\{u_2,v',x\} \notin E(H)$, 其中 $x \in e \setminus \{v,v'\}$. 因此

$$\deg(u_2) = |N_{S,S}(u_2)| + |N_{Y,Y}(u_2)| + |N(u_1,u_2) \cap S| + |N_{e,S}(u_2)| \leqslant 6+3-2 = 7,$$

与 $u_2 \in U$ 相矛盾.

综上可知 $|N_S(u_1) \cap e| = 1$, 不妨设 $v_1 \in N_S(u_1)$. 相似地, 我们有 $|N_S(u_2) \cap e| = 1$, 不妨设 $x \in N_S(u_2) \cap e$. 因为 $u_1, u_2 \in U$ 和 $n \geqslant 9$, 所以 $|N(u_1,v_1) \cap S| \geqslant 2$ 和 $|N(u_2,x) \cap S| \geqslant 2$, 由命题 2.1.2, 可得 $x = v_1$, 则有 $\{u_i,v_2,v_3\} \notin E(H)$, $i = 1,2$. 因此 $\deg(u_i) \leqslant \binom{4}{2} - 1 + n - 5 = n$, $i = 1,2$. 如果 $|N(u_i,v_1) \cap S| = 2$, $i = 1,2$, 则 $\deg(u_i) \leqslant \binom{4}{2} - 1 + 2 = 7$, 矛盾. 因此 $|N(u_i,v_1) \cap S| \geqslant 3$, 此时可得 $N_{S,S}(v_2) = \varnothing$.

假设 $\{v_2,u_1,u_2\} \in E(H)$. 令 $w \in N(v_1,u_1) \cap S$. 因为 H 不包含一个大小为 2 的匹配和 $|N(u_i,v_1) \cap S| \geqslant 3$, 所以 $N_{S,S}(w) = \varnothing$, $N_{Y,S}(w) = \varnothing$ 且 $N_{Y,Y}(w) \subseteq \{\{v_1,v_2\},\{v_1,u_1\},\{v_1,u_2\}\}$. 这样我们得到 $\deg(w) \leqslant 3$, 所以 $\deg(u_1) + \deg(w) \leqslant n+3$. 但是 $\deg(u_1) + \deg(w) \geqslant 2(n-2)$, 矛盾. 因此我们有 $\{v_2,u_1,u_2\} \notin E(H)$. 因为 H 不包含一个大小为 2 的匹配, 所以有 $N_S(v_2) \cap Y \subseteq \{v_1\}$ 和 $\{v_2,v_3,u_1\},\{v_2,v_3,u_2\} \notin E(H)$. 此时可以得到 $\deg(v_2) \leqslant (n-5) + \binom{4}{2} - 3 = n-2$, 与 $v_2 \in U$ 相矛盾. $\qquad\square$

引理 2.1.2 的证明:

我们只需要证明: 如果 3 一致超图 H 满足条件 $\sigma'_2(H) > 2(2n-5)$ 且不包含一个大小为 3 的匹配, 则 H 是 $H^2_{n,3,3}$ 的一个子图.

记 $U = \{v \mid \deg(v) \geqslant 2n-4\}$. 我们只需要证明如果 H 不包含一个大小为 3 的匹配, 则 $|U| \leqslant 5$. 因为 $|U| \leqslant 5$ 隐含了 H 是 $H^2_{n,3,3}$ 的一个子图.

用反证法证明, 假设 $|U| \geqslant 6$. 由引理 2.1.1 可得 H 包含一个大小为 2 的匹配. 首先, 我们证明在 H 中有一个大小为 2 的匹配 $\{e_1,e_2\}$ 满足: $|U \setminus (e_1 \cup e_2)| \geqslant 2$. 用反证法证明, 假设对于 H 中任意一个大小为 2 的匹配 $\{e_1,e_2\}$, 都有 $|U \setminus (e_1 \cup e_2)| \leqslant 1$, 则 $|U| \leqslant 7$ 且 $|(e_1 \cup e_2) \cap U| \geqslant 5$. 在 H 中选择一个大小为 2 的匹配 $\{e_1,e_2\}$ 使得 $|U \setminus (e_1 \cup e_2)|$ 尽可能地大. 令 $e_1 = \{v_1,v_2,v_3\}$, $e_2 = \{v_4,v_5,v_6\}$, $Y = e_1 \cup e_2 \cup U$ 和 $S = V(H) \setminus Y$. 不失一般性, 我们假设 $e_1 \subseteq U$, 则由我们选择的大小为 2 的匹配的性质可知 $N_{S,S}(v_i) = \varnothing$ 和 $N_S(v_i) \cap e_1 = \varnothing$, $1 \leqslant i \leqslant 3$. 因为 $v_i \in U$ 和 $n \geqslant 20$, 所以 $N_S(v_i) \cap (Y \setminus e_1) \neq \varnothing$ (否则 $\deg(v_i) \leqslant \binom{6}{2} = 15$), 其中 $1 \leqslant i \leqslant 3$. 由我们选择的大小为 2 的匹配的性质, 可知 $N_S(v_i) \cap (Y \setminus e_1) \subseteq e_2$, $1 \leqslant i \leqslant 3$.

给定 $x \in N_S(v_1) \cap e_2$. 如果有顶点 $v \in e_2 \setminus \{x\}$ 满足 $N(v_1, v) \cap S \neq \varnothing$, 结合我们选择的大小为 2 的匹配的性质, 与命题 2.1.1 的证明类似, 可得 $|N_{e_2,S}(v_2)| \leqslant 3$. 所以 $\deg(v_2) \leqslant \binom{|Y|-1}{2} + 3 \leqslant 18$, 与 $v_2 \in U$ 相矛盾. 因此 $N_S(v_1) \cap e_2 = \{x\}$. 但是在这种情形下, 我们有 $\deg(v_1) \leqslant (n - |Y|) + \binom{|Y|-1}{2} \leqslant n + 8$, 与 $v_1 \in U$ 相矛盾.

综上可知 H 包含一个大小为 2 的匹配 $\{e_1, e_2\}$, 且 $|U \setminus (e_1 \cup e_2)| \geqslant 2$. 令 $e_1 = \{v_1, v_2, v_3\}$, $e_2 = \{v_4, v_5, v_6\}$, $u_1, u_2 \in U \setminus (e_1 \cup e_2)$ 和 $S = V(H) \setminus (e_1 \cup e_2 \cup \{u_1, u_2\})$. 因为 H 不包含一个大小为 3 的匹配, 所以我们有 $N_{S,S}(u_1) = N_{S,S}(u_2) = \varnothing$ 和 $N(u_1, u_2) \cap S = \varnothing$.

断言 2.1.1 对于任意的 $i, j \in \{1, 2\}$, 我们有 $N_S(u_i) \cap e_j \neq \varnothing$.

证明 用反证法证明, 假设存在 $i, j \in \{1, 2\}$, 不妨设 $i = j = 1$, 满足 $N_S(u_1) \cap e_1 = \varnothing$. 因为 $u_1 \in U$ 和 $n \geqslant 20$, 所以 $|N_S(u_1) \cap e_2| \geqslant 2$, 否则 $\deg(u_1) \leqslant \binom{7}{2} + (n - 8) = n + 13$, 矛盾. 如果 e_2 仅包含一个顶点, 记为 v, 满足 $|N(u_1, v) \cap S| \geqslant 2$, 则 $\deg(u_1) \leqslant \binom{7}{2} + (n - 8) + 2 = n + 15$, 其隐含了 $n \leqslant 19$, 矛盾. 因此我们可以假设 $|N(u_1, v_4) \cap S| \geqslant 2$ 和 $|N(u_1, v_5) \cap S| \geqslant 2$. 由命题 2.1.2, 可得 $N_S(u_2) \cap e_2 = \varnothing$. 相似地, 我们可以假设 $|N(u_2, v_1) \cap S| \geqslant 2$ 和 $|N(u_2, v_2) \cap S| \geqslant 2$. 如果 $|N(u_1, v_4) \cap S| = 2$ 且 $|N(u_1, v_5) \cap S| = 2$, 则 $\deg(u_1) \leqslant \binom{7}{2} + 4 + |N(u_1, v_6) \cap S|$, 其隐含了 $|N(u_1, v_6) \cap S| \geqslant 2n - 4 - 25 > 3$. 所以我们可以假设 $|N(u_1, v_4) \cap S| \geqslant 3$. 相似地, 我们也可以假设 $|N(u_2, v_1) \cap S| \geqslant 3$. 因为 H 不包含一个大小为 3 的匹配, 所以我们有 $N_{S,S}(v_5) = \varnothing$ 和 $N_S(v_5) \cap (e_1 \cup e_2 \cup \{u_1, u_2\}) \subseteq \{v_4, u_1\}$. 因此 $\deg(v_5) \leqslant 2(n - 8) + \binom{7}{2}$. 令 $w \in N(v_5, u_1) \cap S$. 因为 H 不存在一个大小为 3 的匹配, 所以我们有 $|N(u_1, v_4) \cap S| \geqslant 3$ 和 $|N(u_2, v_1) \cap S| \geqslant 3$, 这样的话我们得到 $N_S(w) \cap \{u_1, u_2\} = \varnothing$, $|N_{S,e_1}(w)| \leqslant 1$ 和 $|N_{S,e_2}(w)| \leqslant 1$. 注意到 $N_S(u_1) \cap e_1 = \varnothing$, $N_S(u_2) \cap e_2 = \varnothing$ 和 $\{w, u_1, u_2\} \notin E(H)$. 因此 $\deg(w) \leqslant \binom{8}{2} - 7 + 2$. 现在我们有 $2(2n - 5) + 1 \leqslant \deg(v_5) + \deg(w) \leqslant \binom{7}{2} + 2(n - 8) + \binom{8}{2} - 7 + 2$, 其隐含了 $n \leqslant 18$, 矛盾. $\square$

如果对于 $i = 1, 2$, $|N_S(u_1) \cap e_i| \geqslant 2$, 则由命题 2.1.1, 我们可以得到 $\deg(u_2) \leqslant \binom{7}{2} + 6 = 27 < 2n - 4$, 矛盾. 根据断言 2.1.1, 我们可以假设 $|N_S(u_1) \cap e_1| = 1$, 不妨设 $v_1 \in N_S(u_1)$. 相似地, 有 $|N_S(u_2) \cap e_1| = 1$ 或者 $|N_S(u_2) \cap e_2| = 1$. 我们分下面两种情形证明.

情形 1: $|N_S(u_2) \cap e_1| \geqslant 2$.

在这种情形下, 我们有 $|N_S(u_2) \cap e_2| = 1$. 由命题 2.1.2, 可得 $|N(v_1, u_1) \cap S| = 1$. 假设 $v_4 \in N_S(u_2)$, 则再由命题 2.1.2, 可得对于 $i = 5, 6$, 有 $|N(u_1, v_i) \cap S| \leqslant 1$ 成立. 因此 $\deg(u_1) \leqslant (n - 8) + \binom{7}{2} + 3 = n + 16$, 与 $u_1 \in U$ 相矛盾.

情形 2: $|N_S(u_2) \cap e_1| = 1$.

令 $x \in N_S(u_2) \cap e_1$. 如果 $x \neq v_1$, 则由命题 2.1.2, 可得 $|N(u_1, v_1) \cap S| = 1$ 和 $|N(u_2, x) \cap S| = 1$. 如果 $|N_S(u_1) \cap e_2| = 1$ 或者 $|N_S(u_2) \cap e_2| = 1$, 不妨设 $|N_S(u_1) \cap e_2| = 1$, 则 $\deg(u_1) \leqslant (n-8) + \binom{7}{2} + 1 = n + 14$, 与 $u_1 \in U$ 相矛盾. 因此我们有 $|N_S(u_1) \cap e_2| \geqslant 2$ 且 $|N_S(u_2) \cap e_2| \geqslant 2$. 由命题 2.1.1 可得 $|N_{e_2, S}(u_1)| \leqslant 3$. 这样的话我们有 $\deg(u_1) \leqslant \binom{7}{2} + 4$, 矛盾. 因此, $x = v_1$. 如果 $|N_S(u_1) \cap e_2| \geqslant 2$ 或者 $|N_S(u_2) \cap e_2| \geqslant 2$, 不妨设 $|N_S(u_2) \cap e_2| \geqslant 2$, 则由命题 2.1.1 可得 $|N_{e_2, S}(u_1)| \leqslant 3$, 所以 $\deg(u_1) \leqslant (n-8) + \binom{7}{2} + 3 = n + 16$, 与 $u_1 \in U$ 相矛盾. 因此 $|N_S(u_1) \cap e_2| = 1$ 和 $|N_S(u_2) \cap e_2| = 1$. 假设 $v_4 \in N_S(u_1) \cap e_2$. 与上面的讨论相似, 可得 $v_4 \in N_S(u_2) \cap e_2$. 因为 $n \geqslant 20$ 和 $u_1, u_2 \in U$, 所以 $|N(u_i, v_1) \cap S| \geqslant 3$ 和 $|N(u_i, v_4) \cap S| \geqslant 3$, 其中 $i = 1, 2$.

不失一般性, 我们假设 $v_2, v_5 \in U$. 因为 H 不包含一个大小为 3 的匹配, 所以 $(N_S(v_2) \cup N_S(v_5)) \cap S = \varnothing$ 和 $N_S(v_i) \cap (e_1 \cup e_2 \cup \{u_1, u_2\}) \subseteq \{v_1, v_4\}$, 其中 $i = 2, 5$. 又 $v_2, v_5 \in U$, 易得 $N_S(v_i) \cap (e_1 \cup e_2 \cup \{u_1, u_2\}) = \{v_1, v_4\}$, $|N(v_i, v_1) \cap S| \geqslant 3$ 和 $|N(v_i, v_4) \cap S| \geqslant 3$, 其中 $i = 2, 5$. 因为 H 不包含一个大小为 3 的匹配, 所以 $\{u_1, v_2, v_3\}$, $\{u_1, v_5, v_6\}$, $\{u_1, v_2, v_6\}$, $\{u_1, v_3, v_6\}$, $\{u_1, v_3, v_5\}$, $\{u_1, u_2, v_3\}$, $\{u_1, u_2, v_6\} \notin E(H)$, 其隐含了 $\deg(u_1) \leqslant 2(n-8) + \binom{7}{2} - 7$. 同时我们也有 $\{v_2, v_3, u_1\}$, $\{v_2, v_3, u_2\}$, $\{v_2, v_3, v_5\}$, $\{v_2, v_3, v_6\}$, $\{v_2, v_5, v_6\}$, $\{v_2, u_1, v_6\}$, $\{v_2, u_2, v_6\} \notin E(H)$.

假设 $\{v_2, u_1, u_2\} \in E(H)$. 令 $w_1 \in N(v_1, u_1) \cap S$. 因为 H 不包含一个大小为 3 的匹配, 所以 $N_{S,S}(w_1) = \varnothing$, $N_S(w_1) \cap (e_1 \cup e_2 \cup \{u_1, u_2\}) \subseteq \{v_4\}$ 和 $\{w_1, v_1, v_3\}$, $\{w_1, v_1, v_6\}$, $\{w_1, v_2, v_3\}$, $\{w_1, v_2, v_5\}$, $\{w_1, v_2, v_6\}$, $\{w_1, v_3, v_5\}$, $\{w_1, v_3, v_6\}$, $\{w_1, v_5, v_6\} \notin E(H)$. 这样我们得到 $\deg(w_1) \leqslant (n-9) + \binom{8}{2} - 8$. 因此 $\deg(u_1) + \deg(w_1) \leqslant 2(n-8) + \binom{7}{2} - 7 + (n-9) + \binom{8}{2} - 8 = 3n + 9$. 但是 $\deg(u_1) + \deg(w_1) > 2(2n-5)$, 与 $n \geqslant 20$ 相矛盾, 所以 $\{v_2, u_1, u_2\} \notin E(H)$.

假设 $\{v_2, u_1, v_5\} \in E(H)$ 或者 $\{v_2, u_2, v_5\} \in E(H)$, 不妨设 $\{v_2, u_1, v_5\} \in E(H)$. 令 $w_1 \in N(v_1, u_1) \cap S$. 因为 H 不包含一个大小为 3 的匹配, 所以 $N_{S,S}(w_1) = \varnothing$ 和 $N_S(w_1) \cap (e_1 \cup e_2 \cup \{u_1, u_2\}) = \varnothing$. 这样我们得到 $\deg(w_1) \leqslant \binom{8}{2}$. 但是 $\deg(u_1) + \deg(w_1) > 2(2n-5)$, 矛盾. 因此 $\{v_2, u_1, v_5\}$, $\{v_2, u_2, v_5\} \notin E(H)$.

最后我们有 $\deg(v_2) \leqslant 2(n-8) + \binom{7}{2} - 10 = 2n - 5$, 与 $v_2 \in U$ 相矛盾. □

引理 2.1.3 给定整数 $s \geqslant 4$ 和阶为 $n \geqslant 9s^2$ 的不包含孤立顶点的 3 一致超图 H. 如果 H 满足 $\sigma_2'(H) > 2\left(\binom{n-1}{2} - \binom{n-s}{2}\right)$, 则 H 包含一个大小为 s 的匹配当且仅当 H 不是

$H_{n,3,s}^2$ 的子图.

证明 我们只需要证明如果 H 不包含一个大小为 s 的匹配, 则 H 是 $H_{n,3,s}^2$ 的一个子图. 用反证法证明, 假设 H 不是 $H_{n,3,s}^2$ 的一个子图.

令 $U = \{v \in V(H) | \deg(v) \geqslant \binom{n-1}{2} - \binom{n-s}{2} + 1\}$. 如果 $|U| \leqslant 2s-1$, 因为对于任意的 $u, v \notin U$, u 和 v 不是相邻的, 所以可得 H 是 $E_3(2s-1, n-2s+1)$ 的一个子图, 矛盾. 因此 $|U| \geqslant 2s$. 因为对于任意两个相邻的顶点 $u, v \in V(H)$, 有 $\deg(u) + \deg(v) > 2\left[\binom{n-1}{2} - \binom{n-s}{2}\right]$, 所以任意的边 $e \in E(H)$ 都满足 $|e \cap U| \geqslant 2$.

给定子集 $X \subseteq U$ 和 H 的一个匹配 M. 记 $M_i(X) = \{e \in M \,\||e \cap X| = i\}$, $m_i(X) = |M_i|$ 和 $B_i(X) = \bigcup_{e \in M_i(X)} e$, $i = 0, 1, 2, 3$. 如果 $m_1(X) \geqslant 1$, 则称 M 关于 X 是好的.

命题 2.1.3 存在一个大小为 $2s-1$ 的子集 $X \subseteq U$ 和一个匹配 M 满足 M 关于 X 是好的.

证明 给定一个大小为 $2s-1$ 的子集 $X \subseteq U$ 和 H 的一个匹配 M. 假设 $m_1(X) = 0$. 因为 H 不是 $H_{n,3,s}^2$ 的子图, 所以存在一条边 $e \in E(H)$ 满足 $e \cap X = \varnothing$. 令 $e = \{w_1, w_2, w_3\}$. 不失一般性, 我们假设 $w_1 \in U$. 选择一个顶点 $v \in X$. 令 $X' = (X \setminus \{v\}) \cup \{w_1\}$ 和 $M' = (M \cup \{e\}) \setminus \{e' \in M | e' \cap e \neq \varnothing\}$. 此时我们得到了一个大小为 $2s-1$ 的子集 $X' \subseteq U$ 和一个匹配 M', 且满足 M' 关于 X' 是好的. $\qquad\square$

在 U 中选择一个大小是 $2s-1$ 的子集合 X, 在 H 中选择一个关于 X 是好的匹配 M, 使得:

(1) $|M|$ 尽可能地大;

(2) 在满足 (1) 的条件下, $m_1(X)$ 尽可能地大;

(3) 在满足 (1) 和 (2) 的条件下, $m_2(X)$ 尽可能地大.

显然 $|M| \leqslant s-1$. 令 $X_1 = X \cap (\cup_{e \in M} e)$, $X_2 = X \setminus X_1$, $W = V(H) \setminus X$, $W_1 = W \cap (\cup_{e \in M} e)$, $W_2 = W \setminus W_1$.

命题 2.1.4 $M_0(X) = \varnothing$.

证明 用反证法证明, 假设存在一条边 $e \in M_0(X)$. 令 $e = \{w_1, w_2, w_3\}$. 不妨假设 $w_1 \in U$. 因为 $|M| \leqslant s-1$, 所以存在一个顶点 $v \in X$ 满足 $v \notin B_1(X) \cup B_2(X)$. 令 $X' = (X \setminus \{v\}) \cup \{w_1\}$, 则 M 关于 X' 是好的匹配, 但是 $|M_1(X')| > |M_1(X)|$, 矛盾. $\qquad\square$

由 M 的选择, 我们有下面几个命题.

命题 2.1.5 (1) 对于任意的 $x \in X_2$, 有 $N_{W_2, W_2}(x) = \varnothing$; (2) 对于任意的顶点 $w \in W_2$, 有 $N_{X_2, X_2}(w) = \varnothing$; (3) 对于任意的顶点 $x \in X_2$, 有 $N_{W_1 \cap B_2(X), W_2}(x) = \varnothing$.

命题 2.1.6　给定 $x \in X_2$ 和 $y \in e \in M_1(X) \cup M_2(X)$. 如果 $|N(x,y) \cap W_2| \geqslant 2$, 则 $N(x',y') \cap W_2 = \varnothing$, 其中 $x' \in X_2 \setminus \{x\}$, $y' \in e \setminus \{y\}$.

证明　给定 $w_1, w_2 \in N(x,y) \cap W_2$. 假设存在一个顶点 $w \in N(x',y') \cap W_2$, 其中 $x' \in X_2 \setminus \{x\}$ 和 $y' \in e \setminus \{y\}$. 我们假设 $w \neq w_1$. 令 $M' = (M \setminus \{e\}) \cup \{\{x,y,w_1\}, \{x',y',w\}\}$, 则 M' 关于 X 是一个好的匹配且满足 $|M'| > |M|$, 矛盾.　□

命题 2.1.7　给定 $x \in e_1 \in M_3(X)$ 和 $y \in e_2 \in M \setminus \{e_1\}$. 如果 $|N(x,y) \cap W_2| \geqslant 2$, 则 $N(x',y') \cap W_2 = \varnothing$, 其中 $x' \in e_1 \setminus \{x\}$ 和 $y' \in e_2 \setminus \{y\}$.

证明　给定 $w_1, w_2 \in N(x,y) \cap W_2$. 假设存在一个顶点 $w \in N(x',y') \cap W_2$. 我们假设 $w \neq w_1$. 令 $M' = (M \setminus \{e_1, e_2\}) \cup \{\{x,y,w_1\}, \{x',y',w\}\}$, 则 M' 关于 X 是一个好的匹配. 记 $M'_i(X) = \{e \in M' \mid |e \cap X| = i\}$, $m'_i(X) = |M'_i(X)|$, $i = 1, 2$.

如果 $e_2 \in M_1(X) \cup M_2(X)$, 则 $\{x,y,w_1\}, \{x',y',w\} \in M'_1(X) \cup M'_2(X)$. 因此 $m'_1(X) = m_1(X)$, $m'_2(X) > m_2(X)$ 或者 $m'_1(X) > m_1(X)$, 矛盾.

如果 $e_2 \in M_3(X) \setminus \{e_1\}$, 则 $\{x,y,w_1\}, \{x',y',w\} \in M'_2(X)$. 因此 $m'_2(X) > m_2(X)$, 矛盾.　□

命题 2.1.8　$M_3(X) = \varnothing$.

证明　假设 $M_3(X) \neq \varnothing$, 存在一条边 $e \in M_3(X)$. 由 M 的选择可知, $N_{W_2, W_2}(x) = \varnothing$, $N_{X_2, W_2}(x) = \varnothing$ 和 $N_{W_2}(x,y) = \varnothing$, 其中 $x, y \in e$. 因此对于顶点 $x \in e$, 有 $\deg(x) = |N_{X \cup W_1, X \cup W_1}(x)| + |N_{(X_1 \setminus e) \cup W_1, W_2}(x)|$. 我们简记 $m_i = m_i(X)$, $1 \leqslant i \leqslant 3$, 则有 $|N_{X \cup W_1, X \cup W_1}(x)| \leqslant \binom{(2s-2) + 2m_1 + m_2}{2}$. 如果有顶点 $x \in e$ 和顶点 $y \in (X_1 \setminus e) \cup W_1$ 满足 $|N(x,y) \cap W_2| \geqslant 2$, 则由命题 2.1.6 可得 $\sum_{x \in e} |N_{(X_1 \setminus e) \cup W_1, W_2}(x)| \leqslant 3(s-2)(n - (2s-1) - (2m_1 + m_2))$; 否则有 $\sum_{x \in e} |N_{(X_1 \setminus e) \cup W_1, W_2}(x)| \leqslant 3(s-2)(n - (2s-1) - (2m_1 + m_2))$. 因此

$$\sum_{x \in e} \deg(x) \leqslant 3\binom{(2s-2) + 2m_1 + m_2}{2} + 3(s-2)(n - (2s-1) - (2m_1 + m_2))$$
$$= 3\left(ns - 2n + (2m_1 + m_2)s + 1 - \frac{2m_1 + m_2}{2} + \frac{(2m_1 + m_2)^2}{2}\right).$$

注意到 $\sum_{x \in e} \deg(x) \geqslant 3\left(\binom{n-1}{2} - \binom{n-s}{2} + 1\right)$ 且 $n \geqslant 9s^2$. 又知 $m_1 + m_2 \leqslant s-2$ 和 $m_1 \leqslant s-2$, 所以

$$\binom{n-1}{2} - \binom{n-s}{2} + 1 - \left(ns - 2n + (2m_1 + m_2)s + 1 - \frac{2m_1 + m_2}{2} + \frac{(2m_1 + m_2)^2}{2}\right)$$
$$\geqslant n - \frac{9s^2}{2} + \frac{25s}{2} - 9 > 0,$$

矛盾. □

命题 2.1.9 $|M| = s - 1$.

证明 假设 $|M| \leqslant s - 2$. 由命题 2.1.8, 可得 $|X_2| \geqslant 3$. 令 $x_1, x_2, x_3 \in X_2$. 由 M 的选择, 可知 $N_{W_2, W_2}(x_i) = \varnothing$ 和 $N_{X_2, W_2}(x_i) = \varnothing$, $1 \leqslant i \leqslant 3$. 因此 $\deg(x_i) = |N_{X \cup W_1, X \cup W_1}(x)| + |N_{X_1 \cup W_1, W_2}(x)|$, $1 \leqslant i \leqslant 3$. 我们简记 $m_i = m_i(X)$, $1 \leqslant i \leqslant 2$. 由命题 2.1.5 的结论, 与命题 2.1.8 的讨论类似, 可得

$$\sum_{i=1}^{3} \deg(x_i) \leqslant 3 \binom{(2s-2) + 2m_1 + m_2}{2} + 3(s-2)(n - (2s-1) - (2m_1 + m_2)).$$

注意到 $\sum_{i=1}^{3} \deg(x_i) \geqslant 3 \left(\binom{n-1}{2} - \binom{n-s}{2} + 1 \right)$ 且 $n \geqslant 9s^2$. 与命题 2.1.8 的讨论类似, 可以得到矛盾. □

由命题 2.1.9, 可知 M 是 H 的一个最大匹配. 注意到在命题 2.1.1 中的集合 S 恰巧是这里的 W_2, 实际上下面的命题就是命题 2.1.1 的翻版.

命题 2.1.10 如果有一条边 $e_1 \in M$ 和一个顶点 $x_1 \in X_2$ 满足 $|N_{W_2}(x_1) \cap e_1| \geqslant 2$, 则对任意的顶点 $x \in X_2 \setminus \{x_1\}$, 都有 $|N_{e_1, W_2}(x)| \leqslant 3$.

命题 2.1.11 给定 $e \in M_2(X)$, 则对任意的顶点 $w \in W_2$, 都有 $N_{W_2}(w) \cap e = \varnothing$.

证明 假设存在一个顶点 $w \in W_2$ 满足 $N_{W_2}(w) \cap e \neq \varnothing$. 设 $y \in N_{W_2}(w) \cap e$. 由 M 的选择可知 $y \in W_1$, 令 $e' = \{y, w, w'\}$, 其中 $w' \in W_2$. 假设 $x \in e' \cap U$ 和 $y' \in e \setminus \{y\}$. 令 $X' = (X \setminus \{y'\}) \cup \{x\}$ 和 $M' = (M \setminus \{e\}) \cup \{e'\}$, 则 $|M'| = |M|$ 且 M' 关于 X' 是一个好的匹配. 记 $m_1'(X') = |M_1'(X')| = |\{e \in M' \,|\, |e \cap X'| = 1\}|$, 则 $m_1'(X') > m_1(X)$, 与 X 和 M 的选择相矛盾. □

为了简单起见, 下面我们简记 $m_i = m_i(X)$, $i = 1, 2$. 因为 M 关于 X 是好的, 所以 $m_1 \geqslant 1$. 由命题 2.1.4, 命题 2.1.8 和命题 2.1.9, 我们可知 $m_1 + m_2 = s - 1$. 我们分下面两种情形证明.

情形 1: $m_1 = s - 1$.

在这种情形下有 $|X_1| = s - 1$, $|X_2| = s$, $|W_1| = 2(s-1)$ 和 $|W_2| = n - 4s + 3$. 每一个顶点 $x \in X_2$ 都满足 $|N_{X \cup W_1, X \cup W_1}(x)| \leqslant \binom{4s-4}{2}$.

我们有下面三个断言.

断言 2.1.2 每一个顶点 $x \in X_2$ 都满足 $|N_{W_2}(x) \cap (X_1 \cup W_1)| \geqslant s - 1$.

证明 假设存在一个顶点 $x \in X_2$ 满足 $|N_{W_2}(x) \cap (X_1 \cup W_1)| \leqslant s - 2$. 由命题 2.1.5

(1), 可得 $\deg(x) \leqslant \binom{4s-4}{2} + (s-2)(n-4s+3)$. 但是

$$\binom{n-1}{2} - \binom{n-s}{2} + 1 - \binom{4s-4}{2} - (s-2)(n-4s+3) = n - \frac{9}{2}s^2 + \frac{13}{2}s - 2 > 0,$$

与 $x \in U$ 相矛盾. □

断言 2.1.3 任意的一个顶点 $x \in X_2$ 和任意的一条边 $e \in M$ 都满足 $|N_{W_2}(x) \cap e| \leqslant 1$.

证明 用反证法证明, 假设存在一条边 $e \in M$ 和一个顶点 $x \in X_2$ 满足 $|N_{W_2}(x) \cap e| \geqslant 2$. 令 k 是满足下面条件的最大整数: 存在 k 条不同的边 $e_1, \cdots, e_k \in M$ 和 k 个不同的顶点 $x_1, \cdots, x_k \in X_2$ 使得 $|N_{W_2}(x_i) \cap e_i| \geqslant 2$. 显然 $1 \leqslant k \leqslant s-1$. 考虑一个顶点 $x \in X_2 \setminus \{x_1, \ldots, x_k\}$. 由 k 的最大性, 可得对所有的边 $e \in M \setminus \{e_1, \cdots, e_k\}$ 都有 $|N_{W_2}(x) \cap e| \leqslant 1$. 由命题 2.1.10, 可知 $|N_{e_i, W_2}(x)| \leqslant 3$, $1 \leqslant i \leqslant k$. 因此 $\deg(x) = |N_{X \cup W_1, X \cup W_1}(x)| + \sum_{i=1}^{k} |N_{e_i, W_2}(x)| + |N_{(X \cup W_1) \setminus (\cup_{i=1}^{k} e_i), W_2}(x)| \leqslant \binom{4s-4}{2} + 3k + (s-1-k)(n-4s+3)$. 但是由 $1 \leqslant k \leqslant s-1$ 可以推出

$$\binom{n-1}{2} - \binom{n-s}{2} + 1 - \binom{4s-4}{2} - 3k - (s-1-k)(n-4s+3)$$
$$= (n-4s)k - \frac{9}{2}s^2 + \frac{21}{2}s - 5$$
$$\geqslant (n-4s) - \frac{9}{2}s^2 + \frac{21}{2}s - 5$$
$$= n - \frac{9}{2}s^2 + \frac{13}{2}s - 5 > 0,$$

与 $x \in U$ 相矛盾. □

断言 2.1.4 对于任意的边 $e \in M$ 和任意的两个不同顶点 $x_1, x_2 \in X_2$, 我们有 $|(N_{W_2}(x_1) \cup N_{W_2}(x_2)) \cap e| = 1$.

证明 由断言 2.1.2 和断言 2.1.3, 可知对于任意的 $x \in X_2$ 和任意的 $e \in M$ 都有 $|N_{W_2}(x) \cap e| = 1$. 假设存在一条边 $e_1 \in M$ 和两个顶点 $x_1, x_2 \in X_2$ 满足 $|(N_{W_2}(x_1) \cup N_{W_2}(x_2)) \cap e_1| \geqslant 2$. 由命题 2.1.6, 可得 $|N_{e_1}(x_1) \cap W_2| = 1$, 所以 $\deg(x_1) \leqslant \binom{4s-4}{2} + 1 + (s-2)(n-4s+3)$. 但是

$$\binom{n-1}{2} - \binom{n-s}{2} + 1 - \binom{4s-4}{2} - 1 - (s-2)(n-4s+3)$$
$$= n - \frac{9}{2}s^2 + \frac{13}{2}s - 3 > 0,$$

与 $x_1 \in U$ 相矛盾. □

由断言 2.1.2, 断言 2.1.3 和断言 2.1.4, 可得对于任意的边 $e_i \in M(X)$ 和任意的两个不同顶点 $x_1, x_2 \in X_2$ 都有 $N_{W_2}(x_1) \cap e_i = N_{W_2}(x_2) \cap e_i$ 和 $|N_{W_2}(x_1) \cap e_i| = 1$. 假设 $e_i = \{a_i, b_i, c_i\}$, $i = 1, \cdots, s-1$ 和 $N_{W_2}(x) \cap e_i = \{a_i\}$, 其中 $x \in X_2$. 进行与上面相同的讨论, 可知对于 $x \in X_2$ 和 $1 \leqslant i \leqslant s-1$, 我们有 $|N(x, a_i) \cap W_2| \geqslant 2$. 因为 M 是一个最大匹配和 $|X_2| = s \geqslant 4$, 所以对于任意的 $x \in X_2$, 都有 $N_{(W_1 \cup X) \setminus \{a_1, \cdots, a_{s-1}\}, (W_1 \cup X) \setminus \{a_1, \cdots, a_{s-1}\}}(x) = \varnothing$. 因此顶点 $x \in X_2$ 满足

$$\deg(x) = |N_{X \cup W_1, X \cup W_1}(x)| + \sum_{i=1}^{s-1} |N_{e_i, W_2}(x)|$$
$$\leqslant \left(\binom{4s-4}{2} - \binom{3s-3}{2} \right) + (s-1)(n-4s+3).$$

但是

$$\binom{n-1}{2} - \binom{n-s}{2} + 1 - \left[\binom{4s-4}{2} - \binom{3s-3}{2} + (s-1)(n-4s+3) \right] = 1 > 0,$$

与 $x \in U$ 相矛盾.

情形 2: $m_1 \geqslant 1$ 和 $m_2 \geqslant 1$.

在这种情形下有 $|X_1| = m_1 + 2m_2 = s-1+m_2$, $|X_2| = s-m_2$, $|W_1| = 2m_1 + m_2 = s-1+m_1$ 和 $|W_2| = n-3s+2-m_1$.

断言 2.1.5 对于任意的边 $e \in M_1(X)$, 存在一个顶点 $x \in X_2$ 满足 $N_{W_2}(x) \cap e \neq \varnothing$.

证明 假设存在一条边 $e \in M_1(X)$ 满足对于任意的顶点 $x \in X_2$ 都有 $N_{W_2}(x) \cap e = \varnothing$. 如果 $m_1 = 1$, 则 $|X_2| = 2$. 由命题 2.1.5 的 (1) 和 (3), 可得对于任意顶点 $x \in X_2$ 都有 $\deg(x) = |N_{X \cup W_1, X \cup W_1}(x)| + |N_{X \cap B_2(X), W_2}(x)|$. 由命题 2.1.6 可得

$$\sum_{x \in X_2} |N_{X \cap B_2(X), W_2}(x)| \leqslant |X_2| m_2(n-3s+2-m_1) = |X_2|(s-2)(n-3s+2-m_1).$$

因此

$$\sum_{x \in X_2} \deg(x) \leqslant |X_2| \binom{3s-3+m_1}{2} + |X_2|(s-2)(n-3s+2-m_1).$$

如果 $m_1 \geqslant 2$, 则有 $|X_2| \geqslant 3$. 由命题 2.1.5 中的 (1), (3) 和命题 2.1.6, 进行与上面相同的讨论可以得到

$$\sum_{x \in X_2} \deg(x) \leqslant |X_2| \binom{3s-3+m_1}{2} + |X_2|(s-2)(n-3s+2-m_1).$$

因为 $m_1 \leqslant s-2$, 所以

$$\left[\binom{n-1}{2} - \binom{n-s}{2} + 1\right] - \binom{3s-3+m_1}{2} - (s-2)(n-3s+2-m_1)$$

$$= -2s^2 + 2s + n - 2sm_1 + \frac{3}{2}m_1 - \frac{1}{2}m_1^2$$

$$\geqslant n - \frac{9}{2}s^2 + \frac{19}{2}s - 5 > 0,$$

与 $X_2 \subseteq U$ 相矛盾. □

现在我们分下面两种子情形完成引理的证明.

情形 2.1: $m_1 = 1$ 和 $m_2 = s - 2$.

在这种情形下, 不难得到 $|X_2| = 2$ 和 $|X \cup W_1| = 3s-1$. 记 $M_1(X) = \{e_1\}$ 和 $X_2 = \{x_1, x_2\}$. 由命题 2.1.5 的 (1) 和 (3), 可得 $N_{W_1 \setminus e_1, W_2}(x_i) = N_{W_2, W_2}(x_i) = \varnothing$, $i = 1, 2$ 和 $N(x_1, x_2) \cap W_2 = \varnothing$. 由断言 2.1.5, 我们考虑下面三种子情形.

情形 2.1.1: 存在一个顶点 $x \in X_2$, 不妨设 $x = x_1$, 满足 $|N_{W_2}(x_1) \cap e_1| \geqslant 2$.

记 $y, y' \in N_{W_2}(x_1) \cap e_1$, 其中 $y \neq y'$, $z_1 \in N(x_1, y) \cap W_2$, $z_2 \in N(x_1, y') \cap W_2$. 令 $W_2' = W_2 \setminus \{z_1, z_2\}$.

断言 2.1.6　$\deg(x_1) \leqslant \binom{3s-2}{2} + (s+1)(n-3s+1)$.

证明　用反证法证明, 假设 $\deg(x_1) \geqslant \binom{3s-2}{2} + (s+1)(n-3s+1) + 1$. 因为 $x_2 \in U$, 所以 $\deg(x_2) \geqslant \binom{n-1}{2} - \binom{n-s}{2} + 1$. 因此, $\deg(x_1) + \deg(x_2) \geqslant s^2 + 2ns - 10s + 7$. 由命题 2.1.5 和命题 2.1.6, 进行与断言 2.1.5 相似的讨论可以得到:

$$\deg(x_1) + \deg(x_2) \leqslant 2\binom{3s-2}{2} + 3(n-3s+1) + 2(s-2)(n-3s+1)$$

$$= 3s^2 + 2sn - 10s - n + 5 < s^2 + 2ns - 10s + 7,$$

矛盾. 注意到上面最后一个不等式成立是因为 $n \geqslant 9s^2$. □

因为 $x_1 \in U$, 所以存在一个顶点 $z \in W_2'$ 与 x_1 相邻. 因为 M 是一个最大匹配, 所以 $N_{W_2 \cup X_2, W_2 \cup X_2}(z) = \varnothing$. 由命题 2.1.11, 可得边 $e \in M_2(X)$ 满足 $N_{W_2}(z) \cap e = \varnothing$. 另外, 我们知道如果 $z_1 \neq z_2$, 则 $N_{e_1, W_2}(z) = \{\{y, z_2\}, \{y', z_1\}\}$; 如果 $z_1 = z_2$, 则 $N_{e_1, W_2}(z) = \{\{y, z_1\}, \{y', z_1\}, \{y'', z_1\}\}$, 其中 $y'' \in e_1 \setminus \{y, y'\}$. 所以 $\deg(z) \leqslant \binom{3s-1}{2} + 3$. 由断言 2.1.6 可以得到

$$\deg(x_1) + \deg(z) \leqslant \binom{3s-2}{2} + (s+1)(n-3s+1) + \binom{3s-1}{2} + 3.$$

又知 $\deg(x_1) + \deg(z) > 2\left[\binom{n-1}{2} - \binom{n-s}{2}\right]$ 和 $s \geqslant 4$. 但是 $2\left[\binom{n-1}{2} - \binom{n-s}{2}\right] - \binom{3s-2}{2} - (s+1)(n-3s+1) - \binom{3s-1}{2} - 3 = (s-3)n - 7s^2 + 13s - 6 > 0$, 矛盾.

情形 2.1.2: $N(x_1, y) \cap W_2 \neq \varnothing$ 和 $N(x_2, y') \cap W_2 \neq \varnothing$, 其中 $y, y' \in e_1$ 且 $y \neq y'$.

由情形 2.1.1, 我们有 $|N_{W_2}(x_i) \cap e_1| = 1$, $i = 1, 2$. 设 $E_1 = \{\{x, y, z\} | x \in X_2, y \in e_1, z \in W_2\}$. 由命题 2.1.6, 可知 $|E_1| = 2$. 由命题 2.1.5 和命题 2.1.6 可以得到

$$\deg(x_1) + \deg(x_2) \leqslant 2\binom{3s-2}{2} + 2 + 2(s-2)(n-3s+1).$$

但是 $2\left[\binom{n-1}{2} - \binom{n-s}{2} + 1\right] - \left[2\binom{3s-2}{2} + 2 + 2(s-2)(n-3s+1)\right] = 2(n - 2s^2) > 0$, 与 $x_1, x_2 \in U$ 相矛盾.

情形 2.1.3: $N_{W_2}(x_1) \cap e_1 \subseteq \{y\}$ 和 $N_{W_2}(x_2) \cap e_1 \subseteq \{y\}$.

如果 $N_{W_2}(x_1) \cap e_1 = \varnothing$ 或者 $N_{W_2}(x_2) \cap e_1 = \varnothing$, 则由命题 2.1.6, 我们有 $\deg(x_1) + \deg(x_2) \leqslant 2\binom{3s-2}{2} + (n-3s+1) + 2(s-2)(n-3s+1)$. 但是 $2\left[\binom{n-1}{2} - \binom{n-s}{2} + 1\right] - 2\binom{3s-2}{2} - (n-3s+1) - 2(s-2)(n-3s+1) = n - 4s^2 + 3s + 1 > 0$, 与 $x_1, x_2 \in U$ 相矛盾. 因此 $N_{W_2}(x_1) \cap e_1 = N_{W_2}(x_2) \cap e_1 = \{y\}$.

如果存在 $i \in \{1, 2\}$ 满足 $|N(x_i, y) \cap W_2| \leqslant 2$, 则由命题 2.1.6 可以得到 $\deg(x_1) + \deg(x_2) \leqslant 2\binom{3s-2}{2} + (n-3s+1) + 2 + 2(s-2)(n-3s+1)$. 进行与上面相似的讨论可得 $\deg(x_1) + \deg(x_2) < 2\left[\binom{n-1}{2} - \binom{n-s}{2} + 1\right]$, 矛盾, 所以对于任意的 $i \in \{1, 2\}$ 都有 $|N(x_i, y) \cap W_2| \geqslant 3$.

由命题 2.1.6 可以得到 $\deg(x_1) \leqslant \binom{3s-2}{2} + (s-1)(n-3s+1)$ 或者 $\deg(x_2) \leqslant (s-1)(n-3s+1)$, 不妨设 $\deg(x_1) \leqslant \binom{3s-2}{2} + (s-1)(n-3s+1)$. 令 $w \in N(x_1, y) \cap W_2$, 其中 $y \in e_1$. 因为 M 是最大匹配, 所以 $N_{W_2}(w) \cap e_1 \subseteq \{y\}$. 由命题 2.1.11 可以得到 $\deg(w) \leqslant \binom{3s-1}{2} + (n-3s)$. 因此

$$\deg(x_1) + \deg(w) \leqslant \binom{3s-1}{2} + (n-3s) + \binom{3s-2}{2} + (s-1)(n-3s+1).$$

但是 $2\left[\binom{n-1}{2} - \binom{n-s}{2}\right] + 1 - (n-3s) - \binom{3s-1}{2} - \binom{3s-2}{2} - (s-1)(n-3s+1) = (s-2)n - 7s^2 + 10s + 2 > 0$, 矛盾.

情形 2.2: $2 \leqslant m_1 \leqslant s-2$ 和 $1 \leqslant m_2 \leqslant s-3$.

在这种情形下有 $|X_1| = m_1 + 2m_2 = s - 1 + m_2$, $|X_2| = s - m_2$, $|W_1| = 2m_1 + m_2$, $|X| + |W_1| = 3s - 2 + m_1$ 和 $|W_2| = n - 3s + 2 - m_1$. 记 $M_1(X) = \{e_1, \cdots, e_{m_1}\}$. 由断言 2.1.5, 我们可以分下面三种子情形讨论.

情形 2.2.1： 存在一条边 $e \in M_1(X)$(不妨设 $e = e_1$) 和一个顶点 $x_1 \in X_2$ 满足 $|N_{W_2}(x_1) \cap e_1| \geqslant 2$.

断言 2.1.7 $\deg(x_1) \leqslant \binom{3s-3+m_1}{2} + s(n - 3s + 2 - m_1)$.

证明　用反证法证明, 假设 $\deg(x_1) \geqslant \binom{3s-3+m_1}{2} + s(n - 3s + 2 - m_1) + 1$. 令 k 是满足下面条件的最大整数, 存在 k 条不同的边 $e_i \in M_1(X)$ 和 k 个不同的顶点 $x_i \in X_2$ 使得 $|N_{W_2}(x_i) \cap e_i| \geqslant 2$ 成立. 令 $A = \cup_{i=1}^{k} e_i$, 则对于 $x \in X_2$, 我们有 $\deg(x) = |N_{X \cup W_1, X \cup W_1}(x)| + |N_{A,W_2}(x)| + |N_{B_1(X) \setminus A, W_2}(x)| + |N_{B_2(X) \cap X, W_2}(x)|$. 由命题 2.1.6 我们可以得到 $\sum_{x \in X_2} |N_{A,W_2}(x)| \leqslant 3k|W_2|$ 和 $\sum_{x \in X_2} |N_{B_2(X) \cap X, W_2}(x)| \leqslant |X_2| m_2 |W_2|$. 注意到 $|N_{B_1(X) \setminus A, W_2}(x)| \leqslant (m_1 - k)|W_2|$, 所以

$$\sum_{x \in X_2} \deg(x) \leqslant |X_2| \binom{3s - 3 + m_1}{2} + 3k(n - 3s + 2 - m_1) + |X_2|(s - 1 - k)(n - 3s + 2 - m_1).$$

因此

$$\sum_{x \in X_2 \setminus \{x_1\}} \deg(x) \leqslant (|X_2| - 1)\binom{3s - 3 + m_1}{2} + (3k - |X_2| - k|X_2|)(n - 3s + 2 - m_1) +$$
$$s(|X_2| - 1)(n - 3s + 2 - m_1) - 1.$$

注意到 $\sum_{x \in X_2 \setminus \{x_1\}} \deg(x) \geqslant (|X_2| - 1)\left[\binom{n-1}{2} - \binom{n-s}{2} + 1\right]$. 但是

$$\binom{3s - 3 + m_1}{2} + \frac{3k - |X_2| - k|X_2|}{|X_2| - 1}(n - 3s + 2 - m_1) + s(n - 3s + 2 - m_1) -$$

$$\frac{1}{|X_2| - 1} - \left[\binom{n-1}{2} - \binom{n-s}{2} + 1\right]$$

$$< 2s^2 - 8s + 2m_1 s - \frac{7m_1}{2} + \frac{m_1^2}{2} + n + 4 + \frac{3k - |X_2| - k|X_2|}{|X_2| - 1}(n - 3s + 2 - m_1)$$

$$\leqslant 2s^2 - 8s + 2m_1 s - \frac{7m_1}{2} + \frac{m_1^2}{2} + n + 4 + \frac{3k - 3 - 3k}{3 - 1}(n - 3s + 2 - m_1)$$

$$= -\frac{n}{2} + 2s^2 - \frac{7s}{2} + 2(s - 2)s - 2(s - 2) + \frac{(s-2)^2}{2} + 1$$

$$= -\frac{n}{2} + \frac{9}{2}s^2 - \frac{23}{2}s + 7 < 0,$$

矛盾. □

设 $y_1, y_1' \in N_{W_2}(x_1) \cap e_1$. 由断言 2.1.5 可知当 $2 \leqslant i \leqslant m_1 \leqslant s - 2$ 时, 我们可以选择一个 $w_i \in N(x_i, y_i) \cap W_2$, 其中 $x_i \in X_2$ 和 $y_i \in e_i$. 令 $W' = \{w_1, w_1', w_2, \cdots, w_{m_1}\}$, 其中 $w_1 \in N(x_1, y_1) \cap W_2$, $w_1' \in N(x_1, y_1') \cap W_2$.

断言 2.1.8 存在一个顶点 $w \in W_2 \setminus W'$ 满足 w 和 x_1 相邻.

证明 用反证法证明, 假设任意的顶点 $w \in W_2 \setminus W'$ 与 x_1 都不相邻, 则

$$\deg(x_1) \leqslant \binom{3s-3+m_1}{2} + 3(s-1)(m_1+1).$$

注意到 $\deg(x_1) \geqslant \binom{n-1}{2} - \binom{n-s}{2} + 1$ 和 $n \geqslant 9s^2$. 但是

$$\binom{3s-3+m_1}{2} + 3(s-1)(m_1+1) - \left[\binom{n-1}{2} - \binom{n-s}{2} + 1\right]$$

$$= \frac{m_1^2}{2} - \frac{13m_1}{2} + 6sm_1 + n - ns + 5s^2 - 7s + 1$$

$$\leqslant \frac{(s-2)^2}{2} - \frac{13(s-2)}{2} + 6s(s-2) + n - ns + 5s^2 - 7s + 1$$

$$= (1-s)n + \frac{23}{2}s^2 - \frac{55}{2}s + 16 < 0,$$

矛盾. $\qquad\square$

由断言 2.1.8, 存在一个顶点 $w \in W_2 \setminus W'$ 与 x_1 相邻. 因为 M 是一个最大匹配, 所以 $N_{W_2 \cup X_2, W_2 \cup X_2}(w) = \varnothing$. 如果 $w_1' \neq w_1$, 则 $N_{W_2, e_1}(w) = \{\{y_1, w_1'\}, \{y_1', w_1\}\}$; 如果 $w_1' = w_1$, 则 $N_{W_2, e_1}(w) = \{\{y_1, w_1\}, \{y_1', w_1\}, \{y_1'', w_1\}\}$, 其中 $y_1'' \in e_1 \setminus \{y_1, y_1'\}$. 当 $2 \leqslant i \leqslant m_1$ 时, 我们有 $N_{W_2 \setminus \{w_i\}}(w) \cap e_i \subseteq \{y_i\}$ 和 $|N(w, w_i) \cap e_i| \leqslant 3$. 因此由命题 2.1.11, 可知 $\deg(w) \leqslant \binom{3s-2+m_1}{2} + (m_1-1)(n-3s-m_1) + 3(m_1-1) + 3$. 由断言 2.1.7, 我们得到

$$\deg(w) + \deg(x_1) \leqslant \binom{3s-3+m_1}{2} + s(n-3s+2-m_1) +$$

$$\binom{3s-2+m_1}{2} + (m_1-1)(n-3s-m_1) + 3(m_1-1) + 3$$

$$= ns - n + 6s^2 - 13s + 9 + 2m_1s - 2m_1 + m_1n.$$

注意到 $\deg(w) + \deg(x_1) \geqslant 2\left[\binom{n-1}{2} - \binom{n-s}{2}\right] + 1$. 但是

$$ns - n + 6s^2 - 13s + 9 + 2m_1s - 2m_1 + m_1n - 2\left[\binom{n-1}{2} - \binom{n-s}{2}\right] - 1$$

$$= (n + 2s - 2)m_1 + n - sn + 7s^2 - 12s + 6$$

$$\leqslant (n + 2s - 2)(s - 2) + n - sn + 7s^2 - 12s + 6$$

$$= -n + 9s^2 - 18s + 10 < 0, \tag{2.1}$$

矛盾.

情形 2.2.2: 存在一条边 $e \in M_1(X)$(不妨设 $e = e_1$) 和两个不同的顶点 $x, x' \in X_2$ 满足 $N(x, y) \cap W_2 \neq \varnothing$ 和 $N(x', y') \cap W_2 \neq \varnothing$,其中 $y, y' \in e_1$ 且 $y \neq y'$.

由情形 2.2.1,可知对于任意的 $e \in M_1(X)$ 和 $v \in X_2$ 都有 $|N_{W_2}(v) \cap e| \leqslant 1$,其隐含了 $N_{W_2}(x) \cap e_1 = \{y\}$ 和 $N_{W_2}(x') \cap e_1 = \{y'\}$. 由命题 2.1.6,进行与上面相似的讨论可以得到

$$\sum_{x \in X_2} \deg(x) \leqslant |X_2| \binom{3s - 3 + m_1}{2} + |X_2| + |X_2|(s-2)(n - 3s + 2 - m_1). \tag{2.2}$$

注意到 $\sum_{x \in X_2} \deg(x) \geqslant |X_2|\left[\binom{n-1}{2} - \binom{n-s}{2} + 1\right]$ 和 $m_1 \leqslant s - 2$. 但是

$$\binom{n-1}{2} - \binom{n-s}{2} + 1 - \binom{3s - 3 + m_1}{2} - 1 - (s-2)(n - 3s + 2 - m_1)$$

$$= -\frac{1}{2}m_1^2 + \frac{3}{2}m_1 - 2m_1 s - 2s^2 + 2s + n - 1$$

$$\geqslant -\frac{1}{2}(s-2)^2 + \frac{3}{2}(s-2) - 2(s-2)s - 2s^2 + 2s + n - 1$$

$$= n - 6 - \frac{9s^2}{2} + \frac{19s}{2} > 0, \tag{2.3}$$

矛盾.

情形 2.2.3: 任意边 $e_i \in M_1(X)$ $(1 \leqslant i \leqslant m_1)$ 和任意顶点 $x \in X_2$ 都满足 $N_{W_2}(x) \cap e_i \subseteq \{y_i\}$.

由命题 2.1.5,命题 2.1.6 和 $|X_2| \geqslant 3$,我们可以得到

$$\sum_{x \in X_2} \deg(x) \leqslant |X_2| \binom{3s - 3 + m_1}{2} + |X_2|m_1(n - 3s + 2 - m_1) + |X_2|m_2(n - 3s + 2 - m_1),$$

其隐含了存在一个顶点 $x' \in X_2$ 满足 $\deg(x') \leqslant \binom{3s-3+m_1}{2} + (s-1)(n - 3s + 2 - m_1)$.

由断言 2.1.5 可知,对于 $1 \leqslant i \leqslant m_1$,存在一个顶点 $w_i \in N(x_i, y_i) \cap W_2$,其中 $x_i \in X_2, y_i \in e_i$. 令 $W' = \{w_1, w_2, \cdots, w_{m_1}\}$. 与断言 2.1.8 的讨论类似,可知存在一个顶点 $w \in W_2 \setminus W'$ 与 x' 相邻. 因为 M 是一个最大匹配,所以再由命题 2.1.11,可知 $N_{W_2 \cup X_2, W_2 \cup X_2}(w) = \varnothing$,$N_{W_2 \setminus \{w_i\}}(w) \cap e_i \subseteq \{y_i\}$ 和 $|N(w_i, w) \cap e_i| \leqslant 3$,$1 \leqslant i \leqslant 3$. 因此 $\deg(w) \leqslant \binom{3s-2+m_1}{2} + m_1(n - 3s + 2 - m_1 - 2) + 3m_1$. 于是

$$\deg(x') + \deg(w) \leqslant \binom{3s - 3 + m_1}{2} + (s-1)(n - 3s + 2 - m_1) + \binom{3s - 2 + m_1}{2} +$$

$$m_1(n - 3s + 2 - m_1 - 2) + 3m_1.$$

注意到 $\deg(x') + \deg(w) \geqslant 2\left[\binom{n-1}{2} - \binom{n-s}{2}\right] + 1$. 但是

$$\binom{3s-3+m_1}{2} + (s-1)(n-3s+2-m_1) + \binom{3s-2+m_1}{2} +$$

$$m_1(n-3s+2-m_1-2) + 3m_1 - 2\left[\binom{n-1}{2} - \binom{n-s}{2}\right] - 1$$

$$= (n+2s-2)m_1 - ns + n + 7s^2 - 12s + 4$$

$$\leqslant -n + 9s^2 - 18s + 8 < 0,$$

矛盾. $\qquad\qquad\qquad\qquad\qquad\qquad\qquad\qquad\qquad\qquad\qquad\qquad\qquad\qquad\quad\square$

2.2　超图的阶 $n \geqslant 13s$

定理 2.2.1 [68] 假设 H 是一个阶为 $n \geqslant 13s$ 且没有孤立顶点的 3 一致超图. 如果 $\sigma'_2(H) > 2\left(\binom{n-1}{2} - \binom{n-s}{2}\right) = \sigma'_2(H^1_{n,3,s})$, 则 H 包含一个大小为 s 的匹配当且仅当 H 不是 $H^2_{n,3,s}$ 的子图.

证明　我们只需要证明如果 3 一致超图 H 不包含一个大小为 s 的匹配, 则 H 一定是 $H^2_{n,3,s}$ 的子图. 用反证法证明, 假设 H 不是 $H^2_{n,3,s}$ 的子图.

令 $U = \{v \in V(H) \mid \deg(v) \geqslant \binom{n-1}{2} - \binom{n-s}{2} + 1\}$, 则不在 U 中的任意两个不同顶点 u 和 v 是不相邻的, 否则与定理中的度和条件相矛盾. 如果 $|U| \leqslant 2s-1$, 则显然可知 H 是 $H^2_{n,3,s}$ 的一个子图. 所以下面我们可以假设 $|U| \geqslant 2s$. 因为任意两个相邻的顶点 $u, v \in V(H)$ 都满足 $\deg(u) + \deg(v) > 2\left[\binom{n-1}{2} - \binom{n-s}{2}\right]$, 所以每一条边 $e \in E(H)$ 满足 $|e \cap U| \geqslant 2$.

我们分下面三种情形完成证明.

情形 1: $2s \leqslant |U| \leqslant 3s+1$.

在这种情形下, 我们选择一个满足下列条件的匹配 M: (i) 每一条边 $e \in M$ 交集合 U 恰巧两个顶点, 即 $|e \cap U| = 2$; (ii) 在满足 (i) 的条件下, $|M|$ 尽可能地大. 因为 $|U| \leqslant 3s+1$ 和 $n \geqslant 13s$, 所以 $V \setminus U \neq \varnothing$. 注意到 H 不包含孤立顶点. 对于顶点 $u \in V \setminus U$, 存在至少一条边 $e \in E(G)$ 满足 $u \in e$ 且 $|e \cap U| = 2$, 所以我们选择的匹配 M 满足 $1 \leqslant |M| \leqslant s-1$.

令 $W = V \setminus U$, $U_1 = U \cap V(M)$, $U_2 = U \setminus U_1$, $W_1 = W \cap V(M)$ 和 $W_2 = W \setminus W_1$, 则有 $U_2 \neq \varnothing$ 且每一个顶点 $u \in U_2$ 都满足 $N_{W,W}(u) = \varnothing$. 设 $y = |M|$, $z = |U|$, 则有 $|U_1| = 2y$, $|U_2| = z - 2y$, $|W_1| = y$ 和 $|W_2| = n - y - z$. 我们有下面的断言.

断言 2.2.1　U_2 中的任意顶点都与 W_2 中至少一个顶点相邻.

证明　用反证法证明, 假设存在一个顶点 $u \in U_2$ 与 W_2 中的任何顶点都不相邻, 则有

$$\deg_H(u) \leqslant \binom{|V(M) \cup U_2| - 1}{2} - \binom{|W_1|}{2} = \binom{z + y - 1}{2} - \binom{y}{2}.$$

又知 $\deg_H(u) \geqslant \binom{n-1}{2} - \binom{n-s}{2} + 1.$ 但是

$$\binom{z+y-1}{2} - \binom{y}{2} - \left[\binom{n-1}{2} - \binom{n-s}{2} + 1 \right]$$

$$= \frac{1}{2}(z + y - \frac{3}{2})^2 - \frac{1}{2}(y - \frac{3}{2})^2 - y + n + \frac{1}{2}s^2 - ns + \frac{1}{2}s - 1$$

$$\overset{(1)}{\leqslant} \frac{1}{2}(3s + 1 + y - \frac{3}{2})^2 - \frac{1}{2}(y - \frac{3}{2})^2 - y + n + \frac{1}{2}s^2 - ns + \frac{1}{2}s - 1$$

$$= 3sy + 5s^2 - sn - s + n - 2$$

$$\overset{(2)}{\leqslant} 3s(s - 1) + 5s^2 - sn - s + n - 2$$

$$= n(1 - s) + 8s^2 - 4s - 2$$

$$\overset{(3)}{\leqslant} 13s(1 - s) + 8s^2 - 4s - 2$$

$$= -5s^2 + 9s - 2$$

$$\overset{(4)}{<} 0,$$

矛盾. 因为 $z \leqslant 3s + 1,\ y \leqslant s - 1,\ n \geqslant 13s$ 和 $s \geqslant 2$, 所以上面的不等式 (1), (2), (3) 和 (4) 成立. $\hspace{1em}\square$

给定 $u \in U_2$, 定义 $U_1'(u) = \{v \in U_1 : |N(u, v) \cap W_2| \geqslant 2\}$.

断言 2.2.2　$|U_1'(u)| \geqslant y + 1.$

证明　假设 $|U_1'(u)| = y' \leqslant y$. 因为每一条边 $e \in M$ 都包含 W 中的一个顶点, 所以 $|U_1'(u) \cap e| \leqslant 2\ (e \in M)$. 不难得到 $\deg(u) \leqslant \binom{|V(M) \cup U_2| - 1}{2} - \binom{|W_1|}{2} + y'|W_2| + (2y - y') = \binom{z+y-1}{2} - \binom{y}{2} + y'(n - y - z) + (2y - y')$. 由断言 2.2.1 可知存在一个与 u 相邻的顶点 $w \in W_2$. 令 $e_0 = \{u_1, u_2, w_1\}$ 是 M 的一条边且满足 $u_1, u_2 \in U_1$, $w_1 \in W_1$ 和 $u_1 \in U_1'(u)$. 由 $U_1'(u)$ 的定义, 可知 $N(w, u_2) \cap (U_2 \setminus \{u\}) = \varnothing$. 否则, 我们可以增大匹配 M, 矛盾. 另外, 我们也有 $N_{U_2, U_2}(w) = \varnothing$. 因为每一条边 $e \in E(H)$ 都满足 $|e \cap U| \geqslant 2$, 所以 $\deg(w) \leqslant \binom{|U_1|}{2} + |U_1| |U_2| - y'|U_2 \setminus \{u\}| = \binom{2y}{2} + 2y(z - 2y) - y'(z - 2y - 1)$. 又由于 u 和 w 是相邻的, 所以 $\deg_H(u) + \deg_H(w) \geqslant 2\left[\binom{n-1}{2} - \binom{n-s}{2} \right] + 1.$ 但是

$$\binom{z+y-1}{2} - \binom{y}{2} + y'(n - y - z) + (2y - y') +$$

$$\binom{2y}{2} + 2y(z-2y) - y'(z-2y-1) - 2\left[\binom{n-1}{2} - \binom{n-s}{2}\right] - 1$$

$$= (n-2z+y)y' + 2n + s - \frac{3}{2}z - 2ns + s^2 - 2y^2 + \frac{1}{2}z^2 + 3zy - 2$$

$$\overset{(5)}{\leqslant} (n-2z+y)y + 2n + s - \frac{3}{2}z - 2ns + s^2 - 2y^2 + \frac{1}{2}z^2 + 3zy - 2$$

$$= -(y - \frac{1}{2}n - \frac{1}{2}z)^2 + 2n + s - \frac{3}{2}z - 2ns + s^2 + \frac{1}{2}z^2 + \frac{1}{4}(n+z)^2 - 2$$

$$\overset{(6)}{\leqslant} -(s - 1 - \frac{1}{2}n - \frac{1}{2}z)^2 + 2n + s - \frac{3}{2}z - 2ns + s^2 + \frac{1}{2}z^2 + \frac{1}{4}(n+z)^2 - 2$$

$$= \frac{1}{2}(z + s - \frac{5}{2})^2 - ns + 3s + n - \frac{1}{2}(s - \frac{5}{2})^2 - 3$$

$$\overset{(7)}{\leqslant} \frac{1}{2}(3s + 1 + s - \frac{5}{2})^2 - ns + 3s + n - \frac{1}{2}(s - \frac{5}{2})^2 - 3$$

$$= (1-s)n - \frac{1}{2}s + \frac{15}{2}s^2 - 5$$

$$\overset{(8)}{\leqslant} 13s(1-s) - \frac{1}{2}s + \frac{15}{2}s^2 - 5$$

$$= -\frac{11}{2}s^2 + \frac{25}{2}s - 5$$

$$\overset{(9)}{<} 0,$$

矛盾. 注意到因为 $y' \leqslant y$, $y \leqslant s-1$, $z \leqslant 3s+1$, $n \geqslant 13s$ 和 $s \geqslant 2$, 所以上面的不等式 (5)∼(9) 成立. $\qquad\qquad\square$

因为 $|U| \geqslant 2s$ 和 $|M| \leqslant s-1$, 所以我们可以选择两个不同的顶点 $u_1, u_2 \in U_2$. 由断言 2.2.2 可得 $|U_1'(u_1)| \geqslant y+1$ 和 $|U_1'(u_2)| \geqslant y+1$. 因为 $|U_1'(u_i) \cap e| \leqslant 2\,(e \in M)$, 所以 $|U_1'(u_i) \cap V(M)| \leqslant 2y$, $i = 1,2$. 因此存在一个匹配边 $e \in M$ 满足 $|U_1'(u_i) \cap e| = 2$ 和 $|U_1'(u_j) \cap e| \geqslant 1$, 其中 $\{i,j\} = \{1,2\}$. 于是我们可以找到两条不交的边 $e_1 = \{u_1, v_1, w_1\}$ 和 $e_2 = \{u_2, v_2, w_2\}$, 满足 $|e_1 \cap U| = |e_2 \cap U| = 2$, 其中 $v_1, v_2 \in e$, $w_1, w_2 \in W_2$. 令 $M' = M \setminus \{e\} \cup \{e_1, e_2\}$, 则 $|M'| > |M|$, 矛盾.

情形 2: $3s + 2 \leqslant |U| \leqslant 5s - 4$.

在这种情形下, 我们选取 H 中的一个最大匹配, 记为 M. 令 $W = V \setminus U$, $U_1 = U \cap V(M)$, $U_2 = U \setminus U_1$, $W_1 = W \cap V(M)$ 和 $W_2 = W \setminus W_1$. 设 $y = |M|$, $z = |U|$ 和 $x = |\{e \in M : |e \cap U| = 3\}|$, 则可得 $y \leqslant s-1$, $|\{e \in M : |e \cap U| = 2\}| = y - x$, $|U_1| = 2y + x$, $|U_2| = z - 2y - x$, $|W_1| = y - x$ 和 $|W_2| = n + x - y - z$. 因为 $|U_1| = 2y + x \leqslant 3(s-1)$

和 $|U| \geqslant 3s + 2$，所以 $|U_2| \geqslant 5$.

断言 2.2.3　对于 U_2 中任意三个顶点 u_1, u_2, u_3，存在一个顶点 $u \in \{u_1, u_2, u_3\}$ 与 W_2 中至少一个顶点相邻.

证明　记 $U_1''(u_i) = \{v \in U_1 : |N(u_i, v) \cap (U_2 \setminus \{u_1, u_2, u_3\})| \geqslant 2\}$，$i = 1, 2, 3$. 如果对于任意 $i \in [3]$ 都有 $|U_1''(u_i)| \geqslant y + 1$，则存在一条匹配边 $e \in M$ 和两个不同的下标 $i, j \in \{1, 2, 3\}$ 满足 $|U_1''(u_i) \cap e| \geqslant 2$，$|U_1''(u_j) \cap e| \geqslant 1$. 此时我们可以在 H 中找到两条不交的边 $e_1 = \{u_i, v_1, u_1'\}$ 和 $e_2 = \{u_j, v_2, u_2'\}$，其中 $v_1, v_2 \in e$，$u_1', u_2' \in U_2 \setminus \{u_1, u_2, u_3\}$. 令 $M' = (M \setminus \{e\}) \cup \{e_1, e_2\}$，则 $|M'| > |M|$，矛盾.

不失一般性，我们假设 $|U_1''(u_1)| \leqslant y$. 我们断言 u_1 与 W_2 中至少一个顶点相邻.

用反证法证明. 假设 u_1 在 W_2 中没有邻点. 因为 $|N(u_1, u_i) \cap V(M)| \leqslant 3y$，$i = 2, 3$，所以我们可以得到 $\sum_{u \in U_2 \setminus \{u_1, u_2, u_3\}} |N(u_1, u) \cap V(M)| \leqslant y(z - 2y - x - 3) + 2y$，因而我们可得

$$
\begin{aligned}
\deg(u_1) \leqslant & \binom{|V(M)|}{2} - \binom{|W_1|}{2} + \sum_{i=2}^{3} |N(u_1, u_i) \cap V(M)| + \\
& \sum_{u \in U_2 \setminus \{u_1, u_2, u_3\}} |N(u_1, u) \cap V(M)| \\
\leqslant & \binom{3y}{2} - \binom{y - x}{2} + 6y + y(z - 2y - x - 3) + 2y.
\end{aligned}
$$

又知道 $\deg(u_1) \geqslant \binom{n-1}{2} - \binom{n-s}{2} + 1$. 但是

$$
\binom{3y}{2} - \binom{y - x}{2} + 6y + y(z - 2y - x - 3) + 2y - \left[\binom{n-1}{2} - \binom{n-s}{2} + 1\right]
$$

$$
= 2\left(y + \frac{1}{4}z + 1\right)^2 - \frac{1}{2}x^2 - \frac{1}{2}x + n + \frac{1}{2}s^2 - ns + \frac{1}{2}s - \frac{1}{8}z^2 - z - 4
$$

$$
\overset{(10)}{\leqslant} 2\left(s - 1 + \frac{1}{4}z + 1\right)^2 - \frac{1}{2}x^2 - \frac{1}{2}x + n + \frac{1}{2}s^2 - ns + \frac{1}{2}s - \frac{1}{8}z^2 - z - 4
$$

$$
= -\frac{1}{2}\left(x + \frac{1}{2}\right)^2 + \frac{5}{2}s^2 + \frac{1}{2}s + zs - z + n - ns - \frac{31}{8}
$$

$$
\overset{(11)}{\leqslant} -\frac{1}{2}(0 + \frac{1}{2})^2 + \frac{5}{2}s^2 + \frac{1}{2}s + zs - z + n - ns - \frac{31}{8}
$$

$$
= (s - 1)z + n - ns + \frac{5}{2}s^2 + \frac{1}{2}s - 4
$$

$$
\overset{(12)}{\leqslant} (s - 1)(5s - 4) + n - ns + \frac{5}{2}s^2 + \frac{1}{2}s - 4
$$

$$= (1-s)n + \frac{15}{2}s^2 - \frac{17}{2}s$$

$$\overset{(13)}{\leqslant} 13s(1-s) + \frac{15}{2}s^2 - \frac{17}{2}s$$

$$= -\frac{11}{2}s^2 + \frac{9}{2}s < 0,$$

矛盾. 注意到因为 $y \leqslant s-1$, $x \geqslant 0$, $z \leqslant 5s-4$ 和 $n \geqslant 13s$, 所以上面的不等式 (10)~(13) 成立. $\qquad\square$

由断言 2.2.3 和 $|U_2| \geqslant 5$, 我们可以在 U_2 中选择三个顶点 u_1, u_2, u_3, 这三个顶点中的每一个顶点在 W_2 都至少有一个邻点. 记

$$U_1'''(u_i) = \{v \in U_1 : |N(u_i, v) \cap ((U_2 \cup W_2) \setminus \{u_1, u_2, u_3\})| \geqslant 2\}, \quad i = 1, 2, 3.$$

断言 2.2.4 $|U_1'''(u_i)| \geqslant y+1$, $i \in \{1, 2, 3\}$.

证明 假设 $|U_1'''(u_1)| \leqslant y$. 我们不难得到下面结论成立: $|N(u_1, u_i) \cap V(M)| \leqslant 3y$, $i = 2, 3$, $\sum_{u \in (U_2 \cup W_2) \setminus \{u_1, u_2, u_3\}} |N(u_1, u) \cap V(M)| \leqslant y(n - 3y - 3) + 2y$. 因此 $\deg(u_1) \leqslant \binom{|V(M)|}{2} - \binom{|W_1|}{2} + \sum_{u \in (U_2 \cup W_2) \setminus \{u_1, u_2, u_3\}} |N(u_1, u) \cap V(M)| + \sum_{i=2}^{3} |N(u_1, u_i) \cap V(M)| \leqslant \binom{3y}{2} - \binom{y-x}{2} + y(n - 3y - 3) + 2y + 6y$. 我们选择一个顶点 $w \in W_2$ 与 u_1 相邻, 则 $\deg(w) \leqslant \binom{|U_1|}{2} + |U_1||U_2| \leqslant \binom{2y+x}{2} + (2y+x)(5s - 4 - (2y+x))$. 又知 $\deg(u_1) + \deg(w) \geqslant 2\left[\binom{n-1}{2} - \binom{n-s}{2}\right] + 1$. 但是

$$\binom{3y}{2} - \binom{y-x}{2} + y(n - 3y - 3) + 2y + 6y+$$

$$\binom{2y+x}{2} + (2y+x)(5s - 4 - 2y - x) - 2\left[\binom{n-1}{2} - \binom{n-s}{2}\right] - 1$$

$$= -\left(y - 5s - \frac{1}{2}n + \frac{1}{2}x + \frac{5}{2}\right)^2 + s^2 - 2ns + 5xs - x^2 + s + 2n - 5x - 3+$$

$$\frac{1}{4}(10s + n - x - 5)^2$$

$$\overset{(14)}{\leqslant} -\left(s - 1 - 5s - \frac{1}{2}n + \frac{1}{2}x + \frac{5}{2}\right)^2 + s^2 - 2ns + 5xs - x^2 + s + 2n - 5x - 3+$$

$$\frac{1}{4}(10s + n - x - 5)^2$$

$$= -(x - 2s + 2)^2 + 10s^2 - sn - 12s + n + 1 + \frac{1}{4}(4s - 4)^2$$

$$\overset{(15)}{\leqslant} -(s - 1 - 2s + 2)^2 + 10s^2 - sn - 12s + n + 1 + \frac{1}{4}(4s - 4)^2$$

$$= (1-s)n + 13s^2 - 18s + 4$$

$$\overset{(16)}{\leqslant} 13s(1-s) + 13s^2 - 18s + 4$$

$$= -5s + 4 < 0,$$

矛盾. 注意到因为 $x \leqslant y \leqslant s-1$ 和 $n \geqslant 13s$, 所以上面的不等式 (14)~(16) 成立. $\qquad\square$

由断言 2.2.4 可知: 存在一条匹配边 $e \in M$ 和两个不同的下标 $i, j \in \{1, 2, 3\}$ 满足 $|U_1'''(u_i) \cap e| \geqslant 2$ 和 $|U_1'''(u_j) \cap e| \geqslant 1$. 所以我们能找到两条不交的边 $e_1 = \{u_i, v_1, w_1\}$ 和 $e_2 = \{u_j, v_2, w_2\}$, 其中 $v_1, v_2 \in e$, $w_1, w_2 \in (U_2 \cup W_2) \setminus \{u_1, u_2, u_3\}$. 令 $M' = (M \setminus \{e\}) \cup \{e_1, e_2\}$, 则 $|M'| > |M|$, 矛盾.

情形 3: $|U| \geqslant 5s - 3$.

选择 H 的一个最大 $\{F, K_3^3\}$–覆盖, 记为 T, 即 T 在 H 的所有 $\{F, K_3^3\}$–覆盖中, 同构于 F 的子图数量与同构于 K_3^3 的子图数量之和最大. 令 $y = |T|$ 和 x 是 T 中同构于 F 的子图数量, 则在 T 中同构于 K_3^3 的子图数量为 $y - x$. 显然 $y \leqslant s-1$. 因为 $|U| \geqslant 5s - 3$ 和 $|V(T)| = 3(y-x) + 5x = 3y + 2x \leqslant 5(s-1)$, 所以存在至少两个顶点 $u_1, u_2 \in U \setminus V(T)$. 我们用 S 表示 T 中 x 个 F 复制的非中心顶点组成的集合. 我们有下面的断言.

断言 2.2.5 $|N_{S,S}(u)| \leqslant 4x$, 其中 $u \in U \setminus V(T)$.

证明 我们首先断言如果存在顶点对 $\{v_1, w_1\} \in N_{S,S}(u)$, 则 v_1 和 w_1 不能属于两个不同的 F 复制. 假设 v_1 和 w_1 属于两个不同的 F 复制, 不妨设 $F' = \{\{v_1, v_2, v_3\}, \{v_3, v_4, v_5\}\}$ 和 $F'' = \{\{w_1, w_2, w_3\}, \{w_3, w_4, w_5\}\}$. 令 $T' = (T \setminus \{F', F''\}) \cup \{\{v_3, v_4, v_5\}, \{w_3, w_4, w_5\}, \{u, v_1, w_1\}\}$, 则 $|T'| > |T|$, 矛盾.

我们还断言如果 v_1 和 w_1 属于 T 中的一个 F 复制, 记为 F', 则 $\{v_1, w_1\}$ 不能是 F' 的一个翅膀. 假设 $\{v_1, w_1\}$ 是 F' 的一个翅膀, 不妨设 $F' = \{\{v_1, w_1, v_2\}, \{v_2, v_3, v_4\}\}$. 令 $T' = (T \setminus \{F'\}) \cup \{\{u, v_1, w_1\}, \{v_2, v_3, v_4\}\}$, 则 $|T'| > |T|$, 矛盾.

因此, T 中的任何一个 F 复制有至多四个非中心顶点对与 u 在 H 中构成一条边, 于是我们可以得到 $|N_{S,S}(u)| \leqslant 4x$. $\qquad\square$

断言 2.2.6 $N_{V_2,S}(u) = \varnothing$, 其中 $u \in U \setminus V(T)$ 和 $V_2 = V \setminus V(T)$.

证明 假设 $\{w_1, v_1\} \in N_{V_2,S}(u)$. 设 v_1 是 T 中的 F 复制 $F' = \{\{v_1, v_2, v_3\}, \{v_3, v_4, v_5\}\}$ 的一个顶点. 令 $T' = (T \setminus \{F'\}) \cup \{\{u, v_1, w_1\}, \{v_3, v_4, v_5\}\}$, 则 $|T'| > |T|$, 矛盾. $\quad\square$

断言 2.2.7 对于 T 中的任意 K_3^3 复制 K', 有 $N_{V_2,V(K')}(u) = \varnothing$, 其中 $u \in U \setminus V(T)$

和 $V_2 = V \setminus V(T)$.

证明 用反证法证明, 假设 T 中存在一个 K_3^3 复制 $K' = \{\{v_1, v_2, v_3\}\}$ 满足 $\{w_1, v_1\} \in N_{V_2, V(K')}(u)$, 则 $T' = (T \setminus \{K'\}) \cup \{\{\{u, w_1, v_1\}, \{v_1, v_2, v_3\}\}\}$ 是在 H 中比 T 更大的一个 $\{F, K_3^3\}$-覆盖, 矛盾. $\square$

断言 2.2.8 对于任意的顶点 $u \in U \setminus V(T)$, 在 T 中存在 F 的一个复制 F' 满足 $\{v_1, v_2\} \in N_H(u) \cap \binom{V(F')}{2}$, 其中 v_1 和 v_2 属于 F' 的两个不同的翅膀.

证明 用反证法证明, 假设存在一个顶点 $u \in U \setminus V(T)$, 对于 T 中的任何 F 复制 F' 都不存在一个顶点对 $\{v_1, v_2\} \in N_H(u) \cap \binom{V(F')}{2}$, 其中 v_1 和 v_2 属于 F' 的两个不同的翅膀. 由断言 2.2.5 的证明, 我们可以得到 $|N_{S,S}(u)| = 0$. 由断言 2.2.6 和断言 2.2.7, 我们得到 $\deg(u) \leqslant \binom{|V(T)|}{2} - \binom{|S|}{2} + x(n - |V(T)| - 1) \leqslant \binom{3y+2x}{2} - \binom{4x}{2} + x(n - (3y + 2x) - 1)$. 又 $\deg(u) \geqslant \left[\binom{n-1}{2} - \binom{n-s}{2} + 1 \right]$. 但是

$$\binom{3y+2x}{2} - \binom{4x}{2} + x(n - (3y + 2x) - 1) - \left[\binom{n-1}{2} - \binom{n-s}{2} + 1 \right]$$

$$= \frac{9}{2}\left(y + \frac{1}{3}x - \frac{1}{6}\right)^2 - 8x^2 + xn + n - 2 + \frac{1}{2}s^2 - ns + \frac{1}{2}s - \frac{1}{18}\left(3x - \frac{3}{2}\right)^2$$

$$\overset{(17)}{\leqslant} \frac{9}{2}\left(s - 1 + \frac{1}{3}x - \frac{1}{6}\right)^2 - 8x^2 + xn + n - 2 + \frac{1}{2}s^2 - ns + \frac{1}{2}s - \frac{1}{18}\left(3x - \frac{3}{2}\right)^2$$

$$= -8\left(x - \frac{3}{16}s - \frac{1}{16}n + \frac{3}{16}\right)^2 + 5s^2 - ns - 10s + n + 4 + \frac{1}{32}(3s + n - 3)^2$$

$$\overset{(18)}{\leqslant} -8\left(s - 1 - \frac{3}{16}s - \frac{1}{16}n + \frac{3}{16}\right)^2 + 5s^2 - ns - 10s + n + 4 + \frac{1}{32}(3s + n - 3)^2$$

$$= -1 < 0,$$

矛盾. 注意到因为 $y \leqslant s-1$, 所以上面的不等式 (17) 成立; 因为 $n \geqslant 13s$ 和 $\frac{3}{16}s + \frac{1}{16}n - \frac{3}{16} \geqslant s - 1 \geqslant x$, 所以上面的不等式 (18) 成立. $\square$

选择一个顶点 $u_1 \in U \setminus V(T)$. 由断言 2.2.8, 我们可以令 $F' = \{\{v_1, v_2, v_3\}, \{v_3, v_4, v_5\}\}$ 是 T 中的一个 F 复制且满足 $\{u_1, v_1, v_4\} \in E(H)$.

因为 $|U| \geqslant 5s-3$ 和 $|V(T)| \leqslant 5(s-1)$, 所以我们可以选择一个顶点满足 $u_2 \in U \setminus (V(T) \cup \{u_1\})$. 又因为 $\{u_1, v_1, v_4\}, \{v_1, v_2, v_3\}, \{v_3, v_4, v_5\} \in E(H)$, 所以 $N_{V_2 \setminus \{u_1\}, V(F')}(u_2) = \varnothing$, 其中 $V_2 = V \setminus V(T)$. 由断言 2.2.5, 断言 2.2.6 和断言 2.2.7, 我们可以得到

$$\deg(u_2) \leqslant \binom{|V(T)|}{2} - \left(\binom{|S|}{2} - 4x\right) + (x-1)(n - |V(T)| - 2) + x$$

$$\leqslant \binom{3y + 2x}{2} - \left(\binom{4x}{2} - 4x\right) + (x-1)(n - (3y + 2x) - 2) + x.$$

又知 $\deg(u_2) \geqslant \left[\binom{n-1}{2} - \binom{n-s}{2} + 1\right]$. 但是

$$\binom{3y + 2x}{2} - \left[\binom{4x}{2} - 4x\right] + (x-1)(n - (3y + 2x) - 2) + x - \left[\binom{n-1}{2} - \binom{n-s}{2} + 1\right]$$

$$= \frac{9}{2}\left(y + \frac{1}{3}x + \frac{1}{6}\right)^2 - 8x^2 + 6x + xn + \frac{1}{2}s^2 - ns + \frac{1}{2}s - \frac{1}{18}\left(3x + \frac{3}{2}\right)^2$$

$$\leqslant \frac{9}{2}\left(s - 1 + \frac{1}{3}x + \frac{1}{6}\right)^2 - 8x^2 + 6x + xn + \frac{1}{2}s^2 - ns + \frac{1}{2}s - \frac{1}{18}\left(3x + \frac{3}{2}\right)^2$$

$$= -8\left(x - \frac{3}{16}s - \frac{1}{16}n - \frac{3}{16}\right)^2 + 5s^2 - ns - 7s + 3 + \frac{1}{32}(3s + n + 3)^2$$

$$\overset{(19)}{\leqslant} -8\left(s - 1 - \frac{3}{16}s - \frac{1}{16}n - \frac{3}{16}\right)^2 + 5s^2 - ns - 7s + 3 + \frac{1}{32}(3s + n + 3)^2$$

$$= -n + 9s - 8 < 0,$$

矛盾. 上面的不等式 (19) 成立是因为 $n \geqslant 13s$ 和 $\frac{3}{16}s + \frac{1}{16}n + \frac{3}{16} \geqslant s - 1 \geqslant x$. □

2.3　超图的阶 $n \geqslant 4s + 7$

定理 2.3.1　假设 H 是一个阶为 $n \geqslant 4s + 7$, $n \geqslant 323$ 且没有孤立顶点的 3 一致超图. 如果 $\sigma_2'(H) > \sigma_2'(H_{n,3,s}^1)$, 则 H 包含一个大小为 s 的匹配当且仅当 H 不是 $H_{n,3,s}^2$ 的子图.

1. 证明定理 2.3.1 的概要

令 $n \geqslant 323$ 且 $n \geqslant 4s + 7$. 假设 H 是一个没有孤立顶点, 阶为 n 且满足

$$\sigma_2(H) \geqslant 2\left(\binom{n-1}{2} - \binom{n-s}{2}\right) + 1$$

的 3 一致超图. 我们令

$$U = \left\{u \in V(H) : \deg(u) \geqslant \binom{n-1}{2} - \binom{n-s}{2} + 1\right\}, \quad W = V \setminus U.$$

显然 W 中的任意两个顶点都是不相邻的, 否则我们可以得到

$$\sigma_2(H) \geqslant 2\left(\binom{n-1}{2} - \binom{n-s}{2}\right),$$

矛盾.

如果 $|U| \leqslant 2s - 1$, 则 H 是 $H_{n,s}^2$ 的子图, 得证.

下面我们假设 $|U| \leqslant 2s$. 我们首先证明下面的引理.

引理 2.3.1 令 $n \geqslant 323$, 假设 H 是一个没有孤立顶点, 阶为 $n \geqslant 4s+7$ 且满足

$$\sigma_2(H) \geqslant 2\left(\binom{n-1}{2} - \binom{n-s}{2}\right) + 1$$

的 3 一致超图. 令

$$U = \left\{u \in V(H) : \deg(u) \geqslant \binom{n-1}{2} - \binom{n-s}{2} + 1\right\}, \quad W = V \setminus U,$$

则 H 包含一个大小至少为 $\max\{3s - |U|, 0\}$ 的匹配, 且每一条边都包含且只包含 W 中的一个顶点.

定义 2.3.1 我们称一个匹配 M 是最优的, 如果它满足下面三个条件: (i) M 包含一个大小至少为 $\max\{3s - |U|, 0\}$ 的子匹配 $M_1 = \{e \in M : e \cap W \neq \varnothing\}$; (ii) 在满足 (i) 的条件下, M 尽可能地大; (iii) 在满足 (i) 和 (ii) 的条件下, M_1 尽可能地大.

引理 2.3.1 保证 H 包含一个最优匹配 M. 我们分下面两种情形证明: (1) $|M_1| = 3s - |U|$ 或者 $|M_1| > 3s - |U|$, $|U \setminus V(M)| \leqslant 14$; (2) $|M_1| > 3s - |U|$, $|U \setminus V(M)| \geqslant 15$. 在情形 (1) 下, 因为 $n \geqslant 4s+7$, 所以 $|W \setminus V(M)|$ 不是太小. 在这种情形下, 如果 $U \setminus V(M)$ 中没有顶点与 $W \setminus V(M)$ 中的顶点相邻, 则条件 $3s \leqslant |U \cup V(M)| \leqslant 3s+14$ 使得 $U \setminus V(M)$ 中的任何三个顶点 u_1, u_2, u_3 的度和 $\sum_{i=1}^{3} \deg(u_i) < 3\left(\binom{n-1}{2} - \binom{n-s}{2}\right) + 3$, 矛盾; 如果 $U \setminus V(M)$ 中存在一个顶点 u_1 与 $W \setminus V(M)$ 中的一个顶点 v_1 相邻, 则条件 $v_1 \in W_2$ 把这三个点 u_1, u_2, v_1 的度和 $\sum_{i=1}^{2} \deg(u_i) + \deg(v_1)$ 降到小于 $3\left(\binom{n-1}{2} - \binom{n-s}{2}\right) + 2$, 其中 u_2 是 U_3 中不同于 u_1 的另一个顶点, 矛盾. 在情形 (2) 下, 首先我们从 $V(H) \setminus V(M)$ 中选择满足下面两个条件的三个顶点 u_1*, u_2*, u_3*:

$$A_{u_1*, u_2*, u_3*} = \left\{\{e_1, e_2\} \in \binom{M}{2} : \sum_{i=1}^{3} |L_{u_i*}(e_1, e_2)| \geqslant 16\right\} \text{尽可能地大};$$

$$\sum_{i=1}^{3} \deg(u_i*) \geqslant 3\left(\binom{n-1}{2} - \binom{n-s}{2}\right) + 2.$$

我们取 12 个 $U \setminus V(M) \cup \{u_1*, u_2*, u_3*\}$ 中的顶点 $u_i, i = 1, 2$. 如果 $A_{u_1*, u_2*, u_3*} \neq \varnothing$, 那么我们可以降低 H 中特定边的条数, 特定边就是包含一个 $V(M)$ 中的顶点, 一个 $\{u_i : i = 1, 2\}$ 中的顶点, 还有 $U \setminus V(M) \cup \{u_1*, u_2*, u_3*\}$ 中另一个顶点的边; 对于 M 中的任意一条边 e, 如果有许多包含一个 e 中的顶点, 两个 $V(H) \setminus V(M)$ 中的顶点且有一个顶点来自 $\{u_i : i \in [12] \setminus [6]\}$, 则 H 包含至多 12 条边, 这些边包含两个 e 中的顶点, 剩下一个来自 $\{u_i : i \in [6]\}$. 这些结果可以帮助我们把 $\sum_{i=1}^{12} \deg(u_i)$ 降到小于 $12\left(\binom{n-1}{2} - \binom{n-s}{2}\right) + 12$.

2. 引理 2.3.1 的证明

在这一部分, 我们主要证明引理 2.3.1.

令 $\mathcal{M}$ 是由 H 中所有满足下面两个条件的匹配 M 组成的集合: (i) M 中的每一条边都确切地包含 W 中的一个顶点; (ii) 在满足 (i) 的条件下, M 尽可能地大. 用反证法证明, 假设对于任意 $\mathcal{M}$ 中的一个匹配 M 都有 $|M| \leqslant 3s - |U| - 1$. 我们称 $\mathcal{M}$ 中的一个匹配 M 具有性质 1, 如果 $U \setminus V(M)$ 中的一个顶点与 $W \setminus V(M)$ 中的一个顶点相邻. 令 $\mathcal{M}_1 = \{M \in \mathcal{M} : M \text{ 具有性质 } 1\}$. 我们有下面的断言.

断言 2.3.1 $\mathcal{M}_1 \neq \varnothing$.

证明 用反证法证明, 我们假设 $\mathcal{M}_1 = \varnothing$. 对于 $\mathcal{M}$ 中任意的 M, 令 $U_1 = U \setminus V(M)$ 和 $W_1 = W \setminus V(M)$. 因为 $|M| \leqslant 3s - |U| - 1$, $|U| \geqslant 2s$, $n \geqslant 3s$, $|W| = n - |U|$, 所以 $|U_1| = |U| - 2|M| \geqslant 2$, $|W_1| = |W| - |M| > 0$. 从 W_1 中取一个顶点, 不妨设为 v_0. 因为我们假设 $\mathcal{M}_1 = \varnothing$, 所以 v_0 在 U_1 中没有邻点. 又因为 v_0 不是一个孤立顶点, 所以我们可以假设 v_0 与 $u_1 \in U$ 相邻, 且 $u_1 \in e = \{u_1, u_2, v_1\} \in M$, 其中 $u_1, u_2 \in U$, $v_1 \in W$. 这样我们有 $\deg(u_1) + \deg(v_0) \geqslant 2\left(\binom{n-1}{2} - \binom{n-s}{2}\right) + 1$. 再从 U_1 中取一个顶点, 记为 u_3, 则有 $\deg(u_3) \geqslant \binom{n-1}{2} - \binom{n-s}{2} + 1$. 令 $V = \{u_1, u_3, v_0\}$, $U_1^* = U_1 \cup \{u_1\}$, 则有

$$\sum_{u \in V} \deg(u) \geqslant 3\left(\binom{n-1}{2} - \binom{n-s}{2}\right) + 2. \tag{2.4}$$

显然, H 包含至多 $5(n-1)$ 条边, 其中一个顶点属于 $\{u_1, u_3, v_0\}$, 一个顶点属于 $\{u_2, v_1\}$, 至多 $7(|M| - 1)$ 条边, 其中一个顶点属于 $V = \{u_1, u_3, v_0\}$, 两个顶点属于 $M \setminus \{e\}$ 的同一条边, 和至多 $2\binom{|U_1^*| - 1}{2}$ 条边, 其中一个顶点属于 $\{u_1, u_3, v_0\}$, 两个顶点属于 U_1^*. 我们有下面的两个断言.

断言 2.3.2 对于任意两个不同的边 $e_1, e_2 \in M \setminus \{e\}$, 我们有 $\sum_{u \in V} |L_u(e_1, e_2)| \leqslant 16$.

证明 令 H_1 是由 $V \cup e_1 \cup e_2$ 在 H 中导出的 3 部子超图. 我们注意到 H_1 不包含一个完美匹配. 否则, 假设 M_1 是 H_1 的一个完美匹配. 因为 V, e_1, e_2 中的每一部恰好包

含 W 中的一个顶点, 所以 M_1 中的每一条边也恰好包含 W 中的一个顶点. 这样我们得到 $M' = M \setminus \{e_1, e_2, e\} \cup M_1$ 是与 M 同样大小的匹配, 且 $M' \in \mathcal{M}$. 因为 $u_2 \in U \setminus V(M')$ 与 $v_1 \in W \setminus V(M')$ 是相邻的, 所以我们可以得到 $M' \in \mathcal{M}_1$ 与 $\mathcal{M}_1 = \varnothing$ 相矛盾. 应用引理 1.5.15, 当 $k = 3$ 时, 我们可以得到 $|E(H_1)| \leqslant 16$. 因此 $\sum_{u \in V} |L_u(e_1, e_2)| \leqslant 16$. □

断言 2.3.3 对于任意 $e' \in M \setminus \{e\}$, 有 $\sum_{u \in V} |L_u(e', U_1^* \cup W_1)| \leqslant \max\{6|U_1^*| + 2, 5|U_1^*| + 2|W_1| + 2\}$.

证明 令 $e' = \{v_1', v_2', v_3'\} \in M \setminus \{e\}$, 其中 $v_1' \in W$. 利用定理 1.5.12, 其中 $A = U_1^*$, $B = W_1$, $G_i = L_{v_i'}(U_1^* \cup W_1)$, $i = 1, 2, 3$. 已知 $|W_1| \geqslant 1$ 和 $|U_1^*| = |U_1| + 1 \geqslant 3$. 显然 G_1 的每条边与 G_j 中包含 B 中一个顶点的边相交, 其中 $j = 2, 3$, 且 G_2 的每条包含 B 中顶点的边与 G_3 的每条包含 B 中顶点的边相交. 否则我们假设 e_1 和 e_2 是这样的两条边, 则 $M' = M \setminus \{e, e'\} \cup \{e_1, e_2\}$ 是与 M 相同大小的匹配, 又 $M \in \mathcal{M}$, 所以 $M' \in \mathcal{M}$. 因为 $u_2 \in U \setminus V(M')$ 与 $v_1 \in W \setminus V(M')$ 是相邻的, 所以我们可以得到 $M' \in \mathcal{M}_1$ 与 $\mathcal{M}_1 = \varnothing$ 相矛盾. 于是利用引理 1.5.12, 我们可以得到 $\sum_{i=1}^3 \left(\sum_{j=1}^2 \deg_{G_i}(u_j) + \deg_{G_i}(v_1) \right) \leqslant \max\{6a + 2, 5a + 2b + 2\}$. 因此 $\sum_{u \in V} |L_u(e', U_1^* \cup W_1)| \leqslant \max\{6|U_1^*| + 2, 5|U_1^*| + 2|W_1| + 2\}$. □

由断言 2.3.2 和 2.3.3, 我们可以得到

$$\sum_{u \in V} \deg(u) \leqslant 16 \binom{|M| - 1}{2} + 12(n - 1) +$$

$$\sum_{u \in V} |L_u(V(M \setminus \{e\}), U_1^* \cup W_1)| + \sum_{u \in V} |L_u(U_1^*)|.$$

已知 $|U_1^*| = |U_1| + 1$, $|U_1| = |U| - 2|M|$, $|W_1| = n - |U| - |M|$, $|U| \leqslant 3s$ 和 $n \geqslant 4s + 7$. 我们可以推导出 $|U_1^*| \geqslant 2|W_1|$, 进一步可以得到 $6|U_1^*| + 2 \leqslant 5|U_1^*| + 2|W_1| + 2$. 因此,

$$\sum_{u \in V} \deg(u) \leqslant 16 \binom{|M| - 1}{2} + 12(n - 1) + (|M| - 1)(5(|U| - 2|M|) +$$

$$2(n - |U| - |M| + 7)) + 2 \binom{|U| - 2|M|}{2}$$

$$= (2n - |U| - 3)|M| + |U|^2 + 10n - 4|U| - 3.$$

因为 $|M| \leqslant 3s - |U| - 1$, 所以

$$\sum_{u \in V} \deg(u) \leqslant (2n - |U| - 3)(3s - |U| - 1) + |U|^2 + 10n - 4|U| - 3$$

$$= 2|U|^2 - (2n + 3s)|U| + 6sn + 8n - 9s.$$

注意到二次方程 $2x^2 - (2n + 3s)x$ 在 $x = \frac{2n+3s}{4}$ 处取得最小值. 又因为 $2s \leqslant |U| \leqslant 3s$ 和 $\frac{2n+3s}{4} \geqslant \frac{5s}{2}$, 所以我们可以推导出

$$\sum_{u \in V} \deg(u) \leqslant 2(2s)^2 - 2s(2n + 3s) + 6sn + 8n = 2s^2 + 2sn + 8n.$$

因为 $13s \geqslant n \geqslant 4s + 7$ 和 $n \geqslant 323$, 所以

$$f(s) = 2sn + 2s^2 + 8n - 3\left(\binom{n-1}{2} - \binom{n-s}{2}\right) - 2$$

$$\leqslant \max\left\{f_1\left(\frac{n}{13}\right), f_1\left(\frac{n-7}{4}\right)\right\} < 0. \tag{2.5}$$

因此,

$$\sum_{u \in V} \deg(u) < 3\left(\binom{n-1}{2} - \binom{n-s}{2}\right) + 2.$$

与式 (2.4) 相矛盾. □

由断言 2.3.1, 我们可以找到一个匹配 $M \in \mathcal{M}_1$, 假设 $u_1 \in U_1 = U \setminus V(M)$ 和 $v_1 \in W_1 = W \setminus V(M)$ 是相邻的. 取 $U_1 \setminus \{u_1\}$ 中的另一个顶点, 记为 u_2.

因为 $\deg(u_2) \geqslant \binom{n-1}{2} - \binom{n-s}{2} + 1$ 和 $\deg(u_1) + \deg(v_1) \geqslant 2\left(\binom{n-1}{2} - \binom{n-s}{2}\right) + 1$, 所以

$$\sum_{i=1}^{2} \deg(u_i) + \deg(v_1) \geqslant 3\left(\binom{n-1}{2} - \binom{n-s}{2}\right) + 2.$$

显然 H 包含至多 $9|M|$ 条边, 其中一个 $\{u_1, u_2, v_1\}$ 中的顶点和两个同时来自 M 中一条边的顶点, 至多 $2\binom{|U_1|-1}{2}$ 条边, 其中一个 $\{u_1, u_2, v_1\}$ 中的顶点, 两个 U_1 中的其他的顶点. 同断言 2.3.2 和断言 2.3.3的讨论一样, 我们可以得到下面两个断言.

断言 2.3.4　对于任意两个不同的边 $e_1, e_2 \in M$, 有 $\sum_{i=1}^{2} |L_{u_i}(e_1, e_2)| + |L_{v_1}(e_1, e_2)| \leqslant 16$.

断言 2.3.5　对于任意 $e \in M$, 我们有 $\sum_{i=1}^{2} |L_{u_i}(e, U_1 \cup W_1)| + |L_{v_1}(e, U_1 \cup W_1)| \leqslant \max\{5|U_1| + 2|W_1| + 2, 6|U_1| + 2\}$.

把这些界综合起来, 我们可以得到

$$\sum_{i=1}^{2} \deg(u_i) + \deg(v_1) \leqslant 16\binom{|M|}{2} + 9|M| + \sum_{i=1}^{2} |L_{u_i}(V(M), U_1 \cup W_1)| +$$

$$|L_{v_1}(V(M), U_1 \cup W_1)| + 2\binom{|U_1|}{2}.$$

已知 $|U_1| = |U| - 2|M|, |W_1| = n - |U| - |M|, |U| \leqslant 3s$ 和 $n \geqslant 4s + 7$. 我们可以推导出 $2|W_1| \geqslant |U_1|$, 进一步可以得到 $6|U_1| + 2 \leqslant 5|U_1| + 2|W_1| + 2$. 因此, 有下面的式子成立:

$$\sum_{i=1}^{2} \deg(u_i) + \deg(v_1) \leqslant 16\binom{|M|}{2} + 9|M| + |M|(5(|U| - 2|M|) +$$

$$2(n - |U| - |M|) + 2) + 2\binom{|U| - 2|M|}{2}$$

$$= (2n - |U| + 5)|M| + |U|^2 - |U|.$$

因为我们假设 $|M| \leqslant 3s - |U| - 1$, 所以

$$\sum_{i=1}^{2} \deg(u_i) + \deg(v_1) \leqslant (2n - |U| + 5)(3s - |U|) + |U|^2$$

$$\leqslant 2|U|^2 - (2n + 3s)|U| + 6ns + 15s.$$

注意到二次方程 $2x^2 - (2n + 3s)x$ 在 $x = \frac{2n+3s}{4}$ 处取得最小值. 又因为 $2s \leqslant |U| \leqslant 3s$ 和 $\frac{2n+3s}{4} \geqslant \frac{5s}{2}$, 所以我们可以推导出

$$\sum_{i=1}^{2} \deg(u_i) + \deg(v_1) \leqslant 2(2s)^2 - 2s(2n + 3s) + 6sn + 15s = 2s^2 + 2sn + 15s.$$

由式 (2.5), 我们可以知道

$$\sum_{i=1}^{2} \deg(u_i) + \deg(v_1) \leqslant 2s^2 + 2sn + 15s < 2sn + 2s^2 + 15n < 3\left(\binom{n-1}{2} - \binom{n-s}{2}\right) + 2,$$

矛盾.

3. 定理 2.3.1 的证明

假设 H 是一个没有孤立顶点, 阶为 n 的 3 一致超图, 且满足 $\sigma_2(H) > 2\left(\binom{n-1}{2} - \binom{n-s}{2}\right)$. 已知 $U = \{u \in V(H) : \deg(u) > \binom{n-1}{2} - \binom{n-s}{2}\}$ 和 $W = V(H) \setminus U$. 我们知道 W 中没有两个顶点是相邻的且 $|U| \geqslant 2s$. 我们令 M 是在定义 2.3.1中定义的一个最优匹配. 由引理 2.3.1, 我们知道这样的最优匹配是存在的. 已知 $M_1 = \{e \in M : e \cap W \neq \varnothing\}$.

我们分下面两种情形进行证明.

情形 1: $|M_1| = 3s - |U|$ 或者 $|M_1| > 3s - |U|, |U \setminus V(M)| \leqslant 14$.

令 $M_2 = M \setminus M_1, U_3 = U \setminus V(M), W_2 = W \setminus V(M)$. 用反证法证明, 假设 $|M| \leqslant s - 1$. 我们知道 $|U_3| = |U| + |M_1| - 3|M| \geqslant 3 + |M_1| - (3s - |U|) \geqslant 3$. 令 $u_1, u_2, u_3 \in U_3$, 则

$$\sum_{i=1}^{3} \deg(u_i) \geqslant 3\left(\binom{n-1}{2} - \binom{n-s}{2}\right) + 3.$$

另外, 如果 u_1 与 W_2 中的顶点 v_i 相邻, 则

$$\sum_{i=1}^{2} \deg(u_i) + \deg(v_1) \geqslant \sigma_2(H) + \deg(u_2) \geqslant 3\left(\binom{n-1}{2} - \binom{n-s}{2}\right) + 2.$$

与断言 2.3.2的讨论一样, 应用引理 1.5.1 和引理 1.5.15, 我们可以得到下面的断言.

断言 2.3.6　对于 M 中任意两个不同的匹配边 e_1, e_2, 我们可以得到 $\sum_{i=1}^{3} |L_{u_i}(e_1, e_2)| \leqslant 18$ 和 $\sum_{i=1}^{2} |L_{u_i}(e_1, e_2)| + |L_{v_1}(e_1, e_2)| \leqslant 18$; 进一步, 如果 $e_1, e_2 \in M_1$, 则 $\sum_{i=1}^{2} |L_{u_i}(e_1, e_2)| + |L_{v_1}(e_1, e_2)| \leqslant 16$.

如果 u_1, u_2, u_3 与 W_2 中的任意顶点都不相邻, 利用断言 2.3.6, 我们可以得到

$$\sum_{i=1}^{3} \deg(u_i) \leqslant 18\binom{|M|}{2} + 9|M| + \sum_{i=1}^{3} |L_{u_i}(V(M_1), U_3)| + \sum_{i=1}^{3} |L_{u_i}(V(M_2), U_3)|. \tag{2.6}$$

由我们选择的 M 可知, 对于任意的 $v \in W_2$, $u \in U_3$ 和 $e \in M_2$, 有 $L_v(e, U_3) = L_u(e, W_2) = \varnothing$ 成立. 如果 u_1 与 v_1 是相邻的, 利用断言 2.3.6, 我们可以得到

$$\sum_{i=1}^{2} \deg(u_i) + \deg(v_1) \leqslant 18\binom{|M|}{2} - 2\binom{|M_1|}{2} + 9|M| + \sum_{i=1}^{2} |L_{u_i}(V(M_1), U_3 \cup W_2)| +$$

$$|L_{v_1}(V(M_1), U_3 \cup W_2)| + \sum_{i=1}^{2} |L_{u_i}(V(M_2), U_3)|. \tag{2.7}$$

断言 2.3.7　对于任意 $e \in M_1$, 我们可以得到

(i) $\sum_{i=1}^{2} |L_{u_i}(e, U_3 \cup W_2)| + |L_{v_1}(e, U_3 \cup W_2)| \leqslant \max\{4|U_3| + 7, 3|U_3| + 2|W_2| + 5\}$;

(ii) $\sum_{i=1}^{3} |L_{u_i}(e, U_3)| \leqslant 6|U_3|$.

证明　任取 M_1 中的一条边 $e = \{u_1', u_2', u_3'\}$, $u_1' \in W$, $u_2', u_3' \in U$.

(i) 令 $A = U_3$, $B = W_2$, $E(G_i) = L_{u_i'}(U_3 \cup W_2)$, 其中 $i = 1, 2, 3$. 由 M 的选择可以知道 H 不包含两条不交的边, 一条来自 G_1, 另一条来自 G_2 或者 G_3; 或者一条来自 G_2, 另一条来自 G_3, 且它们中至少有一条边包含 B 中的一个顶点. 进一步容易得到

$$\sum_{i=1}^{2} |L_{u_i}(e, U_3 \cup W_2)| + |L_{v_1}(e, U_3 \cup W_2)| = \sum_{i=1}^{3} \left(\sum_{j=1}^{2} \deg_{G_i}(u_j) + \deg_{G_i}(v_1)\right).$$

由引理 1.5.7可以知道, 想要的不等式成立.

(ii) 对于 $i = 1, 2, 3$, 令 G_i 是加上一个孤立顶点 u^*, 由 $L_{u_i'}(U_3)$ 导出的图, 则此时我们有 $|V(G_i)| = |U_3| + 1 \geqslant 4$. 由 M 的选择可以知道 G_1 的边交 G_2 和 G_3 的每一条边. 由引理 1.5.2, 我们可以知道想要的不等式成立. □

断言 2.3.8 对于任意 $e \in M_2$, 我们可以得到:

(i) $\sum_{i=1}^{3} |L_{u_i}(e, U_3)| \leqslant 3(|U_3| + 3)$;

(ii) $\sum_{i=1}^{2} |L_{u_i}(e, U_3)| \leqslant 3(|U_3| + 1)$.

证明 任取 M_2 中的一条边 $e = \{u_1', u_2', u_3'\}$, $u_1', u_2', u_3' \in U$.

(i) 对于 $i = 1, 2, 3$, 令 G_i 是加上两个孤立顶点 u' 和 u'', 由 $L_{u_i'}(U_3)$ 导出的图, 则此时我们有 $|V(G_i)| = |U_3| + 2 \geqslant 5$. 因为 M 是最优的, 由引理 1.5.3, 我们可以知道想要的不等式成立.

(ii) 对于 $i = 1, 2, 3$, 令 G_i 是加上一个孤立顶点 u^*, 由 $L_{u_i'}(U_3)$ 导出的图, 则此时我们有 $|V(G_i)| = |U_3| + 1 \geqslant 4$. 因为 M 是最优的, 由引理 1.5.6, 我们可以知道想要的不等式成立. $\square$

如果 u_1, u_2, u_3 与 W_2 中的任何顶点都不相邻, 联立式 (2.6), 断言 2.3.7 (ii) 和断言 2.3.8 (i), 我们得到

$$\sum_{i=1}^{3} \deg(u_i) \leqslant 18\binom{|M|}{2} + 9|M| + 6|M_1||U_3| + 3|M_2|(|U_3| + 3)$$
$$\leqslant 18\binom{|M|}{2} + 9|M| + 84|M_1| + 51|M_2|$$
$$\leqslant 18\binom{|M|}{2} + 9|M| + 84|M|.$$

因为 $|M| \leqslant s - 1$, 所以我们有

$$\sum_{i=1}^{3} \deg(u_i) \leqslant 9s^2 + 66s - 75.$$

由式 (2.5), 可知

$$\sum_{i=1}^{3} \deg(u_i) \leqslant 9s^2 + 66s - 75 < 2sn + 2s^2 + 8n < 3\left(\binom{n-1}{2} - \binom{n-s}{2}\right) + 2,$$

矛盾. 假设 u_1 与 $v_1 \in W_2$ 相邻. 由 $n \geqslant 4s + 7$, 我们有 $4|U_3| + 7 \geqslant 3|U_3| + 2|W_2| + 5$, 联立式 (2.7), 断言 2.3.7 (i) 和断言 2.3.8 (ii), 我们得到

$$\sum_{i=1}^{2} \deg(u_i) + \deg(v_1) \leqslant 18\binom{|M|}{2} - 2\binom{|M_1|}{2} + 9|M| + |M_1|(3|U_3| + 2|W_2| + 5) +$$
$$3|M_2|(|U_3| + 1)$$
$$\leqslant 18\binom{|M|}{2} - 2\binom{|M_1|}{2} + 9|M| + 2|M_1|(|W_2| + 1) + 3|M|(|U_3| + 1).$$

因为 $|W_2| \leqslant n - 3s$ 和 $|U_3| \leqslant 14$, 所以我们可以得到

$$\sum_{i=1}^{2} \deg(u_i) + \deg(v_1) \leqslant 18\binom{|M|}{2} - 2\binom{|M_1|}{2} + 9|M| + 2|M_1|(n - 3s + 1) + 45|M|$$

$$= -|M_1|^2 + 9|M|^2 + |M_1|(2n - 6s + 3) + 45|M|$$

注意到二次函数 $-x^2 + (2n - 6s + 3)x$ 在 $x = \frac{2n-6s+3}{2}$ 处取得最大值.

因为 $|M_1| \leqslant |M| \leqslant \frac{2n-6s+3}{2}$, 所以

$$\sum_{i=1}^{2} \deg(u_i) + \deg(v_1) \leqslant 8|M|^2 + (2n - 6s + 48)|M|.$$

又因为 $2n - 6s + 48 > 0$ 和 $|M| \leqslant s - 1$, 所以

$$\sum_{i=1}^{2} \deg(u_i) + \deg(v_1) \leqslant 8(s-1)^2 + (2n - 6s + 48)(s-1)$$

$$= 2sn + 2s^2 - 2n + 38s - 40.$$

利用式 (2.5), 我们可以得到

$$\sum_{i=1}^{2} \deg(u_i) + \deg(v_1) \leqslant 2sn + 2s^2 + 8n < 3\left(\binom{n-1}{2} - \binom{n-s}{2}\right) + 2.$$

矛盾.

情形 2: $|M_1| > 3s - |U|$, $|U \setminus V(M)| \geqslant 15$.

令 $Q = V(H) \setminus V(M)$. 对于 $\{u_1, u_2, u_3\} \in \binom{Q}{3}$, 我们令

$$A_{u_1,u_2,u_3} = \left\{ \{e_1, e_2\} \in \binom{M}{2} : \sum_{i=1}^{3} |L_{u_i}(e_1, e_2)| \geqslant 16 \right\}.$$

我们假设 $\{u_1^*, u_2^*, u_3^*\} \in \binom{Q}{3}$ 满足

$$|A_{u_1^*,u_2^*,u_3^*}| = \max\left\{ |A_{u_1,u_2,u_3}| : \{u_1, u_2, u_3\} \in \binom{Q}{3}, \sum_{i=1}^{3} \deg(u_i) \geqslant \right.$$

$$\left. 3\left(\binom{n-1}{2} - \binom{n-s}{2}\right) + 2 \right\}.$$

因为 $|U \setminus V(M)| \geqslant 15$, 所以我们可以在 $Q \setminus \{u_1^*, u_2^*, u_3^*\}$ 中找到另外四个两两不交的三元组: $\{u_1, u_2, u_3\}, \{u_4, u_5, u_6\}, \{u_7, u_8, u_9\}, \{u_{10}, u_{11}, u_{12}\}$, 满足

$$\sum_{j=1}^{3} \deg(u_{3i+j}) \geqslant 3\left(\binom{n-1}{2} - \binom{n-s}{2}\right) + 2, \quad i = 0, 1, 2, 3.$$

这样我们可以得到

$$\sum_{i=1}^{12} \deg(u_i) \geqslant 12\left(\binom{n-1}{2} - \binom{n-s}{2}\right) + 8 = 12sn - 6s^2 - 12n - 6s + 20. \quad (2.8)$$

我们定义一个图 $G = (V, E)$，其中 $V = M$，$E = A_{u_1^*, u_2^*, u_3^*}$。由引理 1.5.13，我们可以在 G 上找到一个大小为 $\lceil \frac{|A_{u_1^*, u_2^*, u_3^*}|}{|M|} \rceil$ 的匹配 M^*。令 $M_2 = M - V_G(M^*)$。我们有下面的断言。

断言 2.3.9 对于任意 $e \in V_G(M^*)$，有下面结论成立：$\sum_{i=1}^{6} |L_{u_i}(e, \{u_1^*, u_2^*, u_3^*\})| \leqslant 18$ 和 $\sum_{i=7}^{12} |L_{u_i}(e, \{u_1^*, u_2^*, u_3^*\})| \leqslant 18$。

证明 设 $X_1 = e$，$X_2 = \{u_1^*, u_2^*, u_3^*\}$ 和 $X_3 = \{u_1, u_2, u_3, u_4, u_5, u_6\}$。令 $\mathcal{F}$ 是 H 中对于所有 $i = 1, 2, 3$ 满足 $|F \cap X_i| = 1$ 的边 F 组成的集合。显然，$\mathcal{F}$ 是一个交族。否则令 e_1 和 e_2 是 $\mathcal{F}$ 中的两个不交边，则 $M \setminus e \cup \{e_1, e_2\}$ 是 H 中一个比 M 更大的匹配，矛盾。应用定理 1.5.1，我们可以得到 $|\mathcal{F}| \leqslant 18$。进一步可以得到 $\sum_{i=1}^{6} |L_{u_i}(e, \{u_1^*, u_2^*, u_3^*\})| = |\mathcal{F}| \leqslant 18$。类似地，我们也可以证明 $\sum_{i=7}^{12} |L_{u_i}(e, \{u_1^*, u_2^*, u_3^*\})| \leqslant 18$。 $\square$

断言 2.3.10 对于任意 $\{e_1, e_2\} \in M^*$，有下面结论成立：$\sum_{i=1}^{6} |L_{u_i}(e_1 \cup e_2, Q)| \leqslant 6(|Q| + 7)$ 和 $\sum_{i=7}^{12} |L_{u_i}(e_1 \cup e_2, Q)| \leqslant 6(|Q| + 7)$。

证明 由断言 2.3.9，我们可以得到 $\sum_{i=1}^{6} |L_{u_i}(e_j, \{u_1^*, u_2^*, u_3^*\})| \leqslant 18$，$j = 1, 2$，所以 $\sum_{i=1}^{6} |L_{u_i}(e_1 \cup e_2, \{u_1^*, u_2^*, u_3^*\})| \leqslant 36$。令 $V' = Q \setminus \{u_1^*, u_2^*, u_3^*\}$，$t = \sum_{i=1}^{6} |L_{u_i}(e_1 \cup e_2, V')|$，有 $\sum_{i=1}^{6} |L_{u_i}(e_1 \cup e_2, Q)| = t + \sum_{i=1}^{6} |L_{u_i}(e_1 \cup e_2, \{u_1^*, u_2^*, u_3^*\})|$。现在我们仅需要证明 $s \leqslant 6(|Q| + 1)$。

我们假设 $e_1 = \{v_1, v_2, v_3\}$ 和 $e_2 = \{v_4, v_5, v_6\}$。令 $E(G_i) = L_{v_i}(V')$，$i = 1, 2, 3, 4, 5, 6$。由 M 的选择可知，G_i 的每一条边与 G_j 的每一条边相交，其中 $j \neq i$，$i, j \in \{1, 2, 3\}$ 或者 $i, j \in \{4, 5, 6\}$；同时对于任意的 $i \in \{1, 2, 3\}$ 和 $j \in \{4, 5, 6\}$，G_i 的每一条边与 G_j 的每一条边相交。否则的话，不失一般性，我们假设 G_1 的一条边 e_1' 与 G_4 的一条边 e_2' 相交。我们还记得 $\{e_1, e_2\} \in M^* \subseteq A_{u_1^*, u_2^*, u_3^*}$。由 $A_{u_1^*, u_2^*, u_3^*}$ 的定义，我们可以得到 $\sum_{i=1}^{3} |L_{u_i^*}(e_1, e_2)| \geqslant 16$。令 H_1 是 H 中由三部顶点集合 e_1, e_2 和 $\{u_1^*, u_2^*, u_3^*\}$ 导出的三部子超图，则 $|E(H_1)| \geqslant 16$。显然 H_1 包含至多 15 条边，边中有一个顶点为 v_1 或者 v_4。因此我们可以在 H_1 中找到一条既不包含 v_1 也不包含 v_4' 的边，记为 e_3'。现在我们发现 $M \setminus \{e_1, e_2\} \cup \{e_1', e_2', e_3'\}$ 是一个比 M 更大的匹配，矛盾。应用引理 1.5.10，我们可以得到 $t \leqslant 6(|V| - 1) + 30 = 6(|Q| + 1)$。 $\square$

断言 2.3.11 对于任意 $e \in M_3$，有 $\sum_{i=1}^{6} |L_{u_i}(e, Q)| \leqslant 6(|Q| - 1)$ 和 $\sum_{i=7}^{12} |L_{u_i}(e, Q)| \leqslant 6(|Q| - 1)$。

证明　假设 $e = \{v_1, v_2, v_3\} \in M_2$. 应用引理 1.5.9，其中 $A = \{u_1, u_2, u_3, u_4, u_5, u_6\}$，$V = Q$, $G_i = (Q, L_{v_i}(Q))$, $i = 1, 2, 3$. 由 M 的最大性，G_i 的每一条边与 G_j 的每一条边相交，$j \neq i$. 利用引理 1.5.9，我们可以得到 $\sum_{i=1}^{3} \sum_{v \in A} \deg_{G_i}(v) \leqslant 6(|Q| - 1)$. 因此 $\sum_{i=1}^{6} |L_{u_i}(e, Q)| = \sum_{i=1}^{3} \sum_{v \in A} \deg_{G_i}(v) \leqslant 6(|Q| - 1)$. 对于 $\sum_{i=7}^{12} |L_{u_i}(e, Q)| \leqslant 6(|Q| - 1)$，可以进行类似的证明. □

因为 $|Q| = n - 3|M|$，由断言 2.3.11，对于任意的 $e \in M_3$，我们有 $\sum_{i=1}^{6} |L_{u_i}(e, Q)| \leqslant 6(n - 3|M| - 1)$ 和 $\sum_{i=7}^{12} |L_{u_i}(e, Q)| \leqslant 6(n - 3|M| - 1)$. 令

$$M_2' = \left\{ e \in M_2 : 6(n - 3|M| - 1) \geqslant \sum_{i=1}^{6} |L_{u_i}(e, Q)| > 6 \right\},$$

$$M_2'' = \left\{ e \in M_2 : 6 \geqslant \sum_{i=1}^{6} |L_{u_i}(e, Q)| > 0 \right\},$$

$$M_2''' = \left\{ e \in M_2 : 6(n - 3|M| - 1) \geqslant \sum_{i=7}^{12} |L_{u_i}(e, Q)| > 6 \right\},$$

$$M_2'''' = \left\{ e \in M_2 : 6 \geqslant \sum_{i=7}^{12} |L_{u_i}(e, Q)| > 0 \right\}.$$

断言 2.3.12　对于 M_2''' 中任意的边 e，我们有 $\sum_{i=1}^{6} |L_{u_i}(e)| \leqslant 12$; 对于 M_2' 中任意的边 e，我们有 $\sum_{i=7}^{12} |L_{u_i}(e)| \leqslant 12$.

证明　用反证法证明，我们假设 M_3''' 中存在一条边，记为 $e^* = \{v_1, v_2, v_3\}$，满足 $\sum_{i=1}^{6} |L_{u_i}(e^*)| \geqslant 13$. 令 $A = \{u_1, u_2, u_3, u_4, u_5, u_6\}$. 明显 e^* 中的任意二元子集 $\{v_i v_j\}$ 满足 $|N_H(v_i v_j) \cap A| \geqslant 1$，且至少有两个二元子集满足 $|N_H(v_i v_j) \cap A| \geqslant 2$，否则 $\sum_{i=1}^{6} |L_{u_i}(e)| \leqslant 12$，矛盾. 不失一般性，我们假设 $|N_H(v_1 v_2) \cap A| \geqslant 2$, $|N_H(v_1 v_3) \cap A| \geqslant 2$ 和 $|N_H(v_2 v_3) \cap A| \geqslant 1$. 此时 $\sum_{i=7}^{12} |L_{u_i}(v_2 v_3, Q)| = 0$, $\sum_{i=7}^{12} |L_{u_i}(v_1, Q)| \leqslant 6$，否则我们可以在 $e^* \cup Q$ 中找到两个不交的边 e_1 和 e_2，因此 $M \backslash e^* \cup \{e_1, e_2\}$ 是一个更大的匹配，矛盾. 故 $\sum_{i=7}^{12} |L_{u_i}(e^*, Q)| \leqslant 6$, $e^* \in M_2'''$. 于是对于任意的 $e \in M_2'''$, $\sum_{i=1}^{6} |L_{u_i}(e)| \leqslant 12$. 类似地，我们可以得到：对任意的 $e \in M_2'$, $\sum_{i=7}^{12} |L_{u_i}(e)| \leqslant 12$. □

根据选择的 $A_{u_1^*, u_2^*, u_3^*}$，我们可以得到：超图 H 有至多 $15\binom{|M|}{2} + 3|A_{u_1^*, u_2^*, u_3^*}|$ 条边，每一条边都包含 $\{u_{3i+1}, u_{3i+2}, u_{3i+3}\}$ 中的一个顶点，剩下两个顶点来自 M 中两条不同的边，其中 $i = 0, 1, 2, 3$.

综合这些界我们可以得到

$$\sum_{i=1}^{6} \deg(u_i) \leqslant 30\binom{|M|}{2} + 6|A_{u_1^*, u_2^*, u_3^*}| + 18(|M| - |M_2'''|) + 12|M_2'''| +$$
$$\sum_{i=1}^{6} |L_{u_i}(V_H(M^*), U_3 \cup W_2)| + \sum_{i=1}^{6} |L_{u_i}(V(M_2), U_3 \cup W_2)|$$

$$\leqslant 30\binom{|M|}{2} + 6|A_{u_1^*,u_2^*,u_3^*}| + 18|M| - 6|M_2'''| + 6|M^*|(n-3|M|+7) +$$

$$6|M_2'|(n-3|M|-1) + 6|M_2''|. \tag{2.9}$$

类似地，

$$\sum_{i=7}^{12} \deg(u_i) \leqslant 30\binom{|M|}{2} + 6|A_{u_1^*,u_2^*,u_3^*}| + 18|M| - 6|M_2'| + 6|M^*|(n-3|M|+7) +$$

$$6|M_2'''|(n-3|M|-1) + 6|M_2''''|. \tag{2.10}$$

联立式 (2.9) 和式 (2.10)，我们可以得到

$$\sum_{i=1}^{12} \deg(u_i) \leqslant 60\binom{|M|}{2} + 12|A_{u_1^*,u_2^*,u_3^*}| + 36|M| + 12|M^*|(n-3|M|+7) +$$

$$6(|M_2'| + |M_2'''|)(n-3|M|-3) + 6(|M_2'| + |M_2''| + |M_2'''| + |M_2''''|).$$

因为 $|M_2'| \leqslant |M_2'| + |M_2''| \leqslant |M| - 2|M^*|$ 和 $|M_2'''| \leqslant |M_2'''| + |M_2''''| \leqslant |M| - 2|M^*|$，所以

$$\sum_{i=1}^{12} \deg(u_i) \leqslant 60\binom{|M|}{2} + 12|A_{u_1^*,u_2^*,u_3^*}| + 36|M| + 12|M^*|(n-3|M|+7) +$$

$$12(|M| - 2|M^*|)(n-3|M|-3) + 12(|M| - 2|M^*|)$$

$$= 60\binom{|M|}{2} + 12|A_{u_1^*,u_2^*,u_3^*}| + 12|M^*|(-n+3|M|+11) +$$

$$12|M|(n-3|M|+1).$$

已知 $|M^*| = \lceil \frac{|A_{u_1^*,u_2^*,u_3^*}|}{|M|} \rceil$，令 $\alpha = \lceil \frac{|A_{u_1^*,u_2^*,u_3^*}|}{|M|} \rceil - \frac{|A_{u_1^*,u_2^*,u_3^*}|}{|M|}$，则 $0 \leqslant \alpha < 1$，所以

$$\sum_{i=1}^{12} \deg(u_i) \leqslant 60\binom{|M|}{2} + 12|A_{u_1^*,u_2^*,u_3^*}| + 12\left(\frac{|A_{u_1^*,u_2^*,u_3^*}|}{|M|} + \alpha\right)(-n+3|M|+11) +$$

$$12|M|(n-3|M|+1)$$

$$\leqslant 60\binom{|M|}{2} + 12\frac{|A_{u_1^*,u_2^*,u_3^*}|}{|M|}(-n+4|M|+11) + 12\alpha(-n+3|M|+11) +$$

$$12|M|(n-3|M|+1).$$

因为 $n \geqslant 4s+7$ 和 $|M| \leqslant s-1$，所以 $-n+4|M|+11 \leqslant 0$，$-n+3|M|+11 \leqslant 0$，因此

$$\sum_{i=1}^{12} \deg(u_i) \leqslant 60\binom{|M|}{2} + 12|M|(n-3|M|+1) \leqslant 12sn - 6s^2 - 12n - 6s + 12,$$

与式 (2.8)相矛盾.

2.4　讨论与小结

定理 2.3.1 中的条件 $n \geqslant 4s+7$ 很有可能不是最好的, 最理想的情况是把条件 $n \geqslant 4s+7$ 改成条件 $n \geqslant 3s$. 下面我们构造一个超图说明这种条件是达不到的. 令 $H = (V, E)$ 是一个 3 一致超图, 其顶点集合为 $V = \{v_1, \cdots, v_6\}$, 边集合为 $E = \{\{v_1, v_2, v_3\}, \{v_1, v_2, v_4\}, \{v_1, v_3, v_6\}, \{v_1, v_4, v_5\}, \{v_1, v_5, v_6\}, \{v_2, v_3, v_5\}, \{v_2, v_4, v_6\}, \{v_2, v_5, v_6\}, \{v_3, v_4, v_5\}, \{v_3, v_4, v_6\}\}$. 容易验证在这个超图中, 每一个顶点的度都是 5, 但是 H 不包含一个大小为 2 的匹配. 我们有下面的猜想.

猜想 2.4.1　存在一个整数 $n_0 \in \mathbb{N}$ 使得下面的结论成立: 假设 H 是一个阶为 $n \geqslant n_0$ 且没有孤立顶点的 3 一致超图, 如果 $\sigma_2'(H) > 2\left(\binom{n-1}{2} - \binom{n-s}{2}\right) = \sigma_2'(H_{n,3,s}^1)$, $n \geqslant 3s$, 则 H 包含一个大小为 s 的匹配当且仅当 H 不是 $H_{n,3,s}^2$ 的子图.

如果猜想 2.4.1 成立, 那么可以由此猜想推出定理 1.2.7. 的确如此, 假设 H 是一个 3 一致超图且最小度满足条件 $\delta_1(H) > \binom{n-1}{2} - \binom{n-s}{2}$, 则很容易得到超图 H 满足 $\sigma_2'(H) > 2\left(\binom{n-1}{2} - \binom{n-s}{2}\right)$ 且超图 H 不是超图 $H_{n,3,s}^2$ 的子图. 所以由猜想 2.4.1 可得超图 H 存在一个大小为 s 的匹配. 其实条件 $\sigma_2'(H) > 2\left(\binom{n-1}{2} - \binom{n-s}{2}\right)$ 比条件 $\delta_1(H) > \binom{n-1}{2} - \binom{n-s}{2}$ 强很多, 因为在条件 $\sigma_2'(H) > 2\left(\binom{n-1}{2} - \binom{n-s}{2}\right)$ 下, 可能有很多顶点的度小于 $\binom{n-1}{2} - \binom{n-s}{2}$.

下面我们举一个例子说明有些时候定理 2.3.1 的确比定理 1.2.7 有用. 令 $s \geqslant 2$ 和 $n \geqslant 4s+7$. 我们考虑 3 一致超图 $E_3(n-2s, 2s)$, 它的顶点集合可以划分为 V_1 和 V_2, 其中 $|V_1| = 2s$ 和 $|V_2| = n-2s$; 它的边集合由所有包含 V_1 中至少两个顶点的三元子集构成. 显然 $E_3(n-2s, 2s)$ 包含一个大小为 s 的匹配. 对于任意顶点 $v \in V_1$, 都有 $\deg(v) = \binom{2s-1}{2} + (2s-1)(n-2s) > \binom{n-1}{2} - \binom{n-s}{2}$. 对于任意顶点 $u \in V_2$, 都有 $\deg(u) = \binom{2s}{2} < \binom{n-1}{2} - \binom{n-s}{2}$, 所以超图 $E_3(n-2s, 2s)$ 不满足定理 1.2.7 的条件. 但是对于任意的顶点 $v \in V_1$ 和 $u \in V_2$, 不难验证 $\deg(u) + \deg(v) > 2\left[\binom{n-1}{2} - \binom{n-s}{2}\right]$. 又 V_2 中的任意两个顶点不相邻, 因此 $E_3(n-2s, 2s)$ 满足定理 2.3.1 的条件, 所以可以推出 $E_3(2s, n-2s)$ 包含一个大小为 s 的匹配.

第 3 章 3 一致超图匹配存在的 Ore 条件研究 (II)

接第 2 章, 我们继续考虑 3 一致超图中两个相邻顶点的度和与匹配存在之间的关系. 显然 3 一致超图 $H_{n,3,s}^1$ 和 $H_{n,3,s}^2$ 都不存在一个大小为 s 的匹配, 且它们满足 $\sigma_2'(H_{n,3,s}^2) > \sigma_2'(H_{n,3,s}^1)$. 本章主要证明下面的定理.

定理 3.0.1 存在一个整数 $n_1 \in \mathbb{N}$ 使得下面的结论成立: 假设 H 是一个阶为 $n \geqslant n_1$ 且不含孤立顶点的 3 一致超图, 如果 $\sigma_2'(H) > \sigma_2'(H_{n,3,s}^2)$ 和 $n \geqslant 3s$, 则 H 包含一个大小为 s 的匹配.

在这一部分, 我们分完美匹配和非完美匹配证明定理 3.0.1. 在证明定理之前, 我们介绍两个将会用到的已知的 Dirac 结果. Hàn, Person 和 Schacht 在文献 [15] 中证明了下面的定理.

定理 3.0.2 [15] 对于所有的 $\gamma > 0$, 存在一个整数 n_0 使得对所有能被 3 整除的 $n > n_0$, 有下面的结论成立: 假设 H 是一个阶为 n 的 3 一致超图且满足

$$\delta_1(H) \geqslant \left(\frac{5}{9} + \gamma\right)\binom{n}{2}, \tag{3.1}$$

则 H 包含一个完美匹配.

之后, Kühn, Osthus 和 Treglown 在文献 [21] 中改进了上面的结果, 得到了确保 3 一致超图存在大小为 s 的匹配的一个紧的最小度条件.

定理 3.0.3 [21] 存在一个整数 $n_0 \in \mathbb{N}$, 使得如果阶为 $n \geqslant n_0$ 的 3 一致超图 H 满足

$$\delta_1(H) \geqslant \binom{n-1}{2} - \binom{n-s}{2} + 1 \tag{3.2}$$

且 $n \geqslant 3s$, 则 H 包含一个大小为 s 的匹配.

3.1 完美匹配

在这一部分我们证明对于完美匹配, 定理 3.0.1 成立.

定理 3.1.1 [53] 存在一个整数 $n_0 \in \mathbb{N}$, 使得对于所有能被 3 整除的整数 $n \geqslant n_0$, 有

下面的结论成立: 假设 H 是一个没有孤立顶点且阶为 n 的 3 一致超图, 如果

$$\sigma_2'(H) > \sigma_2'(H_{n,3,n/3}^2) = \frac{2}{3}n^2 - \frac{8}{3}n + 2, \tag{3.3}$$

则 H 包含一个完美匹配.

实际上, 定理 3.1.1 可以由下面的稳定结果直接得到.

定理 3.1.2　存在一个正数 $\varepsilon > 0$ 和一个整数 $n_0 \in \mathbb{N}$ 使得对于所有能被 3 整除的整数 $n \geqslant n_0$, 有下面的结论成立: 假设 H 是一个没有孤立顶点, 阶为 n 且满足 $\sigma_2'(H) > 2n^2/3 - \varepsilon n^2$ 的 3 一致超图, 则 $H \subseteq H_{n,3,n/3}^2$ 或者 H 包含一个完美匹配.

的确如此, 由超图 $H_{n,3,n/3}^2$ 的定义我们可以知道, 超图 $H_{n,3,n/3}^2$ 的任意子超图的相邻顶点的最小度和小于等于 $\sigma_2'(H_{n,3,n/3}^2)$, 所以条件 $\sigma_2'(H) > \sigma_2'(H_{n,3,n/3}^2)$ 可以推出 $H \nsubseteq H_{n,3,n/3}^2$, 再由定理 3.1.2, 可以得到 H 包含一个完美匹配. 进一步, 我们还可以知道超图 $H_{n,3,n/3}^2$ 是定理 3.1.1 的唯一极值超图.

3.1.1　准备和证明概要

我们需要满足下面条件的一些常数:

$$0 < \varepsilon \ll \eta \ll \gamma \ll \gamma' \ll \rho \ll \tau \ll 1. \tag{3.4}$$

假设 H 是一个满足条件 $\sigma_2'(H) > 2n^2/3 - \varepsilon n^2$ 的 3 一致超图. 令 $W = \{v \in V(H) : \deg(v) \leqslant n^2/3 - \varepsilon n^2/2\}$, $U = V \setminus W$. 如果 $W = \varnothing$, 则由定理 3.0.2 可以得到 H 包含一个完美匹配. 因此我们可以假设 $|W| \geqslant 1$. 显然 W 的任意两个顶点是不相邻的, 否则 $\sigma_2'(H) \leqslant 2n^2/3 - \varepsilon n^2$, 矛盾. 如果 $|W| \geqslant n/3 + 1$, 则 $H \subseteq H^*$, 完成证明. 因此我们可以在下面的证明中假设 $|W| \leqslant n/3$.

我们的证明中需要下面的断言.

断言 3.1.1　如果 $|W| \geqslant n/4$, 则 U 的每一个顶点在 W 中有邻点.

证明　用反证法证明, 假设存在一个顶点 $u_0 \in U$ 与 W 中的所有顶点都不相邻, 则我们可以得到 $\deg(u_0) \leqslant \binom{|U|-1}{2} = \binom{n-|W|-1}{2}$. 因为 $|W| \geqslant n/4$ 和 n 充分大, 所以

$$\deg(u_0) \leqslant \binom{n - n/4 - 1}{2} = \frac{9}{32}n^2 - \frac{9}{8}n + 1 < \frac{n^2}{3} - \frac{\varepsilon}{2}n^2, \tag{3.5}$$

与 U 的定义矛盾.　　　　　　　　　　　　　　　　　　　　　　　　　　　□

由断言 3.1.1 可知, 当 $|W| \geqslant \frac{n}{4}$ 时, 对于每一个顶点 $u \in U$, 我们有 $\deg(u) \geqslant (2n^2/3 -$

$\varepsilon n^2) - \binom{n-|W|}{2}$. 这个下界要比由 U 的定义给的下界强, 因为

$$\left(\frac{2}{3}n^2 - \varepsilon n^2\right) - \binom{n-|W|}{2} \geqslant \left(\frac{2}{3}n^2 - \varepsilon n^2\right) - \binom{n-n/4}{2} > \frac{n^2}{3} - \frac{\varepsilon}{2}n^2. \tag{3.6}$$

我们的证明分成下面的两步.

步骤 1: 证明 H 包含一个可以把 W 的所有顶点都覆盖的匹配.

引理 3.1.1 *存在一个正数 $\varepsilon > 0$ 和 $n_0 \in \mathbb{N}$ 使得下面的结论成立: 假设 H 是一个阶为 $n \geqslant n_0$, 没有孤立顶点且满足 $\sigma_2'(H) > 2n^2/3 - \varepsilon n^2$ 的 3 一致超图. 令 $W = \{v \in V(H) : \deg(v) \leqslant n^2/3 - \varepsilon n^2/2\}$. 如果 $|W| \leqslant n/3$, 则 H 包含一个可以把 W 的所有顶点都覆盖的匹配.*

我们证明引理 3.1.1 的方法是首先取定一个满足特定条件的最大匹配, 记为 M, 该特定条件是匹配 M 中的每一条边都包含 W 中的一个顶点. 我们不妨假设 $|M| < |W|$. 如果 $|W| \leqslant (1/3 - \gamma)n$, 则我们选择两个相邻的顶点, 一个来自 W, 另一个来自 $V \setminus W$, 计算它们的度和, 得到该度和与条件 $\sigma_2'(H)$ 相矛盾. 如果 $n/3 \geqslant |W| > (1/3 - \gamma)n$, 我们选择三个没有被匹配的顶点, 一个来自 W, 另外两个来自 $V \setminus W$, 计算这三个顶点的度和的上下界, 得到矛盾.

步骤 2: 证明 H 包含一个完美匹配.

在引理 3.1.1 的基础上, 我们取定一个满足特定条件的最大匹配, 记为 M, 该特定条件是 M 覆盖 W 的所有顶点, 假设 $|M| < n/3$. 我们选择三个未被覆盖的顶点, 即三个来自 $V \setminus V(M)$ 的顶点, 分 $|M| \leqslant n/3 - \eta n$ 和 $|M| > n/3 - \eta n$ 两种情况分别计算这三个顶点的度和的上下界, 推出矛盾. 当 $|M| > n/3 - \eta n$ 时, 我们需要用到定理 3.0.2.

3.1.2 引理 3.1.1 的证明

在 H 中, 选择满足每一条边都是 UUW 类型的一个最大匹配, 记为 M. 用反证法证明, 假设 $|M| \leqslant |W| - 1$. 令 $U_1 = V(M) \cap U$, $U_2 = U \setminus U_1$, $W_1 = V(M) \cap W$ 和 $W_2 = W \setminus W_1$, 则有 $|U_1| = 2|M|$ 和 $|U_2| = n - |W| - 2|M|$. 我们分下面两种情形讨论.

情形 1: $0 < |W| \leqslant (\frac{1}{3} - \gamma)n$.

我们进一步分下面两种子情形讨论.

情形 1.1: 存在一个顶点 $v_0 \in W_2$ 与一个顶点 $u_0 \in U_2$ 相邻.

设 $M' = \{e \in M : \exists u' \in e, |N(v_0, u') \cap U_2| \geqslant 3\}$. 假设 $\{u_1, u_2, v_1\} \in M'$ 且满足

$u_1, u_2 \in U_1$, $v_1 \in W_1$ 和 $|N(v_0, u_1) \cap U_2| \geqslant 3$. 我们断言

$$N(u_0, v_1) \cap (U_2 \cup \{u_2\}) = \varnothing. \tag{3.7}$$

的确如此，如果存在边 $\{u_0, v_1, u_3\} \in E(H)$，其中 $u_3 \in U_2$，则可以找到顶点 $u_4 \in U_2 \setminus \{u_0, u_3\}$ 满足 $\{v_0, u_1, u_4\} \in E(H)$. 用边 $\{u_0, v_1, u_3\}$ 和边 $\{v_0, u_1, u_4\}$ 代替在匹配 M 中的边 $\{u_1, u_2, v_1\}$，得到一个比 M 更大的匹配，矛盾. 当 $\{u_0, v_1, u_2\} \in E(H)$ 时的情形类似.

由 M' 的定义，可知 H 有至多 $2(|U_1| - 2|M'|)$ 条边，每一条边的三个顶点中，其中一个是 v_0，另外两个中的一个在 $U_1 \setminus V(M')$ 里，另外一个在 U_2 里. 此时可得

$$\deg(v_0) \leqslant \binom{|U_1|}{2} + 2|M'||U_2| + 2(|U_1| - 2|M'|) = \binom{|U_1|}{2} + 2|U_1| + |M'|(2|U_2| - 4). \tag{3.8}$$

由式 (3.7)，可知超图 H 有至多 $|U_1||W_1| - |M'|$ 条边，每条边包含顶点 u_0，另外两个顶点中的一个在 U_1 里，另一个在 W_1 里，和至多 $(|U_2| - 1)(|W_1| - |M'|)$ 条边，其中每条边包含顶点 u_0，另外两个顶点一个在 U_2 里，另一个在 W_1 里. 因此，

$$\deg(u_0) \leqslant \binom{|U| - 1}{2} + |U_1||W_2| + |U_1||W_1| - |M'| + (|U_2| - 1)(|W_1| - |M'|)$$

$$= \binom{|U| - 1}{2} + |U_1||W| + (|U_2| - 1)|W_1| - |U_2||M'|, \tag{3.9}$$

此时我们得到

$$\deg(v_0) + \deg(u_0) \leqslant \binom{|U_1|}{2} + 2|U_1| + \binom{|U| - 1}{2} + |U_1||W| + (|U_2| - 1)|W_1| + |M'|(|U_2| - 4).$$

因为 $|W| \leqslant (\frac{1}{3} - \gamma)n$，所以 $|U_2| > 3\gamma n > 4$. 再结合 $|M'| \leqslant |M| = |W_1| = \frac{|U_1|}{2}$，可得

$$\deg(v_0) + \deg(u_0) \leqslant \binom{|U_1|}{2} + 2|U_1| + \binom{|U| - 1}{2} + |U_1||W| + (|U_2| - 1)\frac{|U_1|}{2} + \frac{|U_1|}{2}(|U_2| - 4)$$

$$= \left(\binom{|U|}{2} - \binom{|U_2|}{2} \right) + \binom{|U| - 1}{2} + \left(|W| - \frac{1}{2} \right)|U_1|$$

$$= (|U| - 1)^2 - \binom{|U_2|}{2} + (2|W| - 1)|M|. \tag{3.10}$$

又因为 $|M| \leqslant |W| - 1$ 和 $|U_2| \geqslant n - 3|W| + 2$，所以

$$\deg(v_0) + \deg(u_0) \leqslant (n - |W| - 1)^2 - \binom{n - 3|W| + 2}{2} + (2|W| - 1)(|W| - 1)$$

$$= \frac{2}{3}n^2 - \frac{7}{3}n + \frac{73}{24} - \frac{3}{2}\left(\frac{n}{3} + \frac{7}{6} - |W| \right)^2. \tag{3.11}$$

又因为 $|W| \leqslant (\frac{1}{3} - \gamma)n$, $0 < \varepsilon \ll \gamma$ 和 n 充分大, 所以

$$\deg(v_0) + \deg(u_0) \leqslant \frac{2}{3}n^2 - \frac{7}{3}n + \frac{73}{24} - \frac{3}{2}\left(\gamma n + \frac{7}{6}\right)^2 < \frac{2}{3}n^2 - \varepsilon n^2, \tag{3.12}$$

与关于 $\sigma'_2(H)$ 的假设相矛盾.

情形 1.2: 在 W_2 中没有顶点与 U_2 中的顶点相邻.

固定顶点 $v_0 \in W_2$. 因为 v_0 与 U_2 中的任意顶点都不相邻, 所以 $\deg(v_0) \leqslant \binom{|U_1|}{2} = \binom{2|M|}{2}$. 因为 v_0 不是一个孤立顶点, 所以存在一个顶点 $u_1 \in U_1$ 与 v_0 相邻. 由假设可得, H 不包含这样的边, 该边包含顶点 u_1, 另外两个顶点一个在 U_2 中, 一个在 W_2 中. 因此 $\deg(u_1) \leqslant \binom{|U|-1}{2} + (|U|-1)|W| - |U_2||W_2|$. 因为 $|M| \leqslant |W| - 1$ 和 $|U| = n - |W|$, 所以

$$\deg(v_0) + \deg(u_1) \leqslant \binom{2(|W|-1)}{2} + \binom{|U|-1}{2} + (|U|-1)|W| - (n - 3|W| + 2)$$

$$= \frac{3}{2}\left(|W| - \frac{1}{2}\right)^2 + \frac{1}{2}n^2 - \frac{5}{2}n + \frac{13}{8}. \tag{3.13}$$

进一步, 因为 $|W| \leqslant (\frac{1}{3} - \gamma)n$ 和 $0 < \varepsilon \ll \gamma$, 所以

$$\deg(v_0) + \deg(u_1) \leqslant \frac{3}{2}\left(\frac{n}{3} - \gamma n - \frac{1}{2}\right)^2 + \frac{1}{2}n^2 - \frac{5}{2}n + \frac{13}{8}$$

$$= \left(\frac{2}{3} - \gamma + \frac{3}{2}\gamma^2\right)n^2 - \left(3 - \frac{3}{2}\gamma\right)n + 2$$

$$< \frac{2}{3}n^2 - \varepsilon n^2, \tag{3.14}$$

与关于 $\sigma'_2(H)$ 的假设相矛盾.

情形 2: $|W| > (\frac{1}{3} - \gamma)n$.

断言 3.1.2 $|M| \geqslant n/3 - \gamma'n$.

证明 用反证法证明, 假设 $|M| < n/3 - \gamma'n$. 固定 $v_0 \in W_2$. 因为没有 $U_2U_2W_2$ 类型的边, 所以 $\deg(v_0) \leqslant \binom{|U|}{2} - \binom{|U_2|}{2}$. 假设 $u \in U$ 与 v_0 相邻. 显然有 $\deg(u) \leqslant \binom{|U|-1}{2} + (|U|-1)|W|$. 因此

$$\deg(v_0) + \deg(u) \leqslant \binom{|U|-1}{2} + (|U|-1)|W| + \binom{|U|}{2} - \binom{|U_2|}{2}$$

$$= (n-1)(|U|-1) - \binom{|U_2|}{2}.$$

此情形的假设隐含了 $|U| \leqslant 2n/3 + \gamma n$ 和 $|U_2| \geqslant 2\gamma' n$. 又因为 $\varepsilon \ll \gamma \ll \gamma'$ 和 n 充分大, 所以

$$\deg(v_0) + \deg(u) \leqslant (n-1)\left(\frac{2}{3}n + \gamma n - 1\right) - \binom{2\gamma' n}{2} < \frac{2}{3}n^2 - \varepsilon n^2, \tag{3.15}$$

与关于 $\sigma'_2(H)$ 的假设相矛盾. □

固定 $u_1 \neq u_2 \in U_2$ 和 $v_0 \in W_2$. 显然任意的顶点 $w \in W$ 满足 $\deg(w) \leqslant \binom{|U|}{2}$, 任意的顶点 $u \in U$ 满足 $\deg(u) \leqslant \binom{|U|-1}{2} + |W|(|U|-1)$. 对于任意两条不同的匹配边 $e_1, e_2 \in M$, 我们观察得到, 在所有类型为 UUW, 且一个顶点在 e_1 中, 一个顶点在 e_2 中, 另一个顶点在 $\{u_1, u_2, v_0\}$ 中的三元子集中, 至少有一个不是 H 的边, 否则存在一个大小为 3 的匹配, 记为 M_3, 覆盖顶点集合 $e_1 \cup e_2 \cup \{u_1, u_2, v_0\}$ 的所有顶点, 此时 $M_3 \cup M \setminus \{e_1, e_2\}$ 是一个比 M 更大的匹配, 矛盾. 由断言 3.1.2 可以得到 $|M| \geqslant n/3 - \gamma' n$, 所以

$$\deg(u_1) + \deg(u_2) + \deg(v_0) \leqslant 2\left(\binom{|U|-1}{2} + |W|(|U|-1)\right) + \binom{|U|}{2} - \binom{n/3 - \gamma' n}{2}. \tag{3.16}$$

另外, 因为 $|W| > (\frac{1}{3} - \gamma)n \geqslant n/4$ 满足断言 3.1.1 的条件, 所以 u_i 与 W 的某个顶点相邻, 其中 $i = 1, 2$. 又知道 v_0 与 U 中的某个顶点相邻, 因此 $\deg(u_i) > (2n^2/3 - \varepsilon n^2) - \binom{|U|}{2}$, $i = 1, 2$, $\deg(v_0) > (2n^2/3 - \varepsilon n^2) - \left(\binom{|U|-1}{2} + |W|(|U|-1)\right)$. 于是

$$\deg(u_1) + \deg(u_2) + \deg(v_0) > 3\left(\frac{2n^2}{3} - \varepsilon n^2\right) - 2\binom{|U|}{2} - \binom{|U|-1}{2} - |W|(|U|-1).$$

由 $\deg(u_1) + \deg(u_2) + \deg(v_0)$ 的上下界, 我们可以得到下面的不等式:

$$3\left(\binom{|U|-1}{2} + |W|(|U|-1) + \binom{|U|}{2}\right) - \binom{n/3 - \gamma' n}{2} > 3\left(\frac{2n^2}{3} - \varepsilon n^2\right),$$

或者

$$(|U|-1)(n-1) - \frac{1}{3}\binom{n/3 - \gamma' n}{2} > \frac{2n^2}{3} - \varepsilon n^2. \tag{3.17}$$

因为 $|U| \leqslant 2n/3 + \gamma n$, $0 < \varepsilon \ll \gamma \ll \gamma' \ll 1$ 和 n 充分大, 所以不等式 (3.17) 显然不成立, 矛盾. 我们完成了引理 3.1.1 的证明.

3.1.3 定理 3.1.2 的证明

选择一个匹配 M 满足以下两个条件: (i) M 覆盖了 W 的所有顶点; (ii) 在满足 (i) 的条件下, 匹配 $|M|$ 尽可能地大. 由引理 3.1.1 可知, 匹配 M 是存在的. 令 $M_1 = \{e \in M : e \cap W \neq \varnothing\}$, $M_2 = M \setminus M_1$ 和 $U_3 = V(H) \setminus V(M)$, 则有 $|M_1| = |W|$, $|M_2| = |M| - |W|$, $|U_3| = n - 3|M|$.

用反证法证明, 假设 $|M| \leqslant n/3 - 1$. 固定 U_3 中的三个顶点 u_1, u_2, u_3. 我们分下面两种情形讨论.

情形 1: $|M| \leqslant n/3 - \eta n$.

显然, 在 H 中有至多 $3|M|$ 条边, 每条边包含顶点 u_i 和另外两个来自 M 中一条边的顶点, 其中 $i = 1, 2, 3$. 对于 M 中任意两个不同的匹配边 e_1, e_2, 我们断言

$$\sum_{i=1}^{3} |L_{u_i}(e_1, e_2)| \leqslant 18. \tag{3.18}$$

的确如此, 令 H_1 是 H 中由 3 个顶点集合 e_1, e_2 和 $\{u_1, u_2, u_3\}$ 导出的 3 部子超图. 显然 H_1 不包含一个完美匹配, 否则, 令 M_1 是 H_1 的一个完美匹配, 则 $(M \setminus \{e_1, e_2\}) \cup M_1$ 是一个比 M 更大的匹配, 矛盾. 取 $n = k = s = 3$, 利用引理 1.5.1 可得 $|E(H_1)| \leqslant 18$. 因此 $\sum_{i=1}^{3} |L_{u_i}(e_1, e_2)| \leqslant 18$.

对于任意 $e \in M_1$, 我们断言

$$\sum_{i=1}^{3} |L_{u_i}(e, U_3)| \leqslant 6(|U_3| - 1). \tag{3.19}$$

的确如此, 假设 $e = \{v_1, v_2, v_3\} \in M_1$, 其中 $v_1 \in W$. 利用引理 1.5.2, 取 $A = \{u_1, u_2, u_3\}$, $V = U_3$ 和 $G_i = (U_3, L_{v_i}(U_3))$, $i = 1, 2, 3$. 因为 $|M| \leqslant n/3 - 4$, 所以 $|B| = |U_3| - 3 \geqslant 2$. 由 M 的最大性, 可知 G_1 不存在一条边与 G_2 或者 G_3 的一条边不相交. 由引理 1.5.2, 可得 $\sum_{i=1}^{3} \sum_{j=1}^{3} \deg_{G_i}(u_j) \leqslant 6(|U_3| - 1)$. 因此 $\sum_{i=1}^{3} |L_{u_i}(e, U_3)| = \sum_{i=1}^{3} \sum_{j=1}^{3} \deg_{G_i}(u_j) \leqslant 6(|U_3| - 1)$.

类似地, 对于任意的边 $e \in M_2$, 利用引理 1.5.3 可以得到

$$\sum_{i=1}^{3} |L_{u_i}(e, U_3)| \leqslant 3(|U_3| + 1). \tag{3.20}$$

联立这些界, 可得

$$\sum_{i=1}^{3} \deg(u_i) \leqslant 18\binom{|M|}{2} + 9|M| + \sum_{i=1}^{3} |L_{u_i}(V(M_1), U_3)| + \sum_{i=1}^{3} |L_{u_i}(V(M_2), U_3)|$$

$$\leqslant 18\binom{|M|}{2} + 9|M| + 6|M_1|(|U_3| - 1) + 3|M_2|(|U_3| + 1). \tag{3.21}$$

因为 $|M_1| = |W|$，$|M_2| = |M| - |W|$ 和 $|U_3| = n - 3|M|$，所以

$$\sum_{i=1}^{3} \deg(u_i) \leqslant 18\binom{|M|}{2} + 9|M| + 6|W|(n - 3|M| - 1) + 3(|M| - |W|)(n - 3|M| + 1)$$

$$= (3n - 9|W| + 3)|M| + 3|W|n - 9|W|. \tag{3.22}$$

进一步，由 $3n - 9|W| + 3 > 0$ 和 $|M| \leqslant n/3 - \eta n$ 可以推出

$$\sum_{i=1}^{3} \deg(u_i) \leqslant (3n - 9|W| + 3)\left(\frac{n}{3} - \eta n\right) + 3|W|n - 9|W|$$

$$= (9\eta n - 9)|W| + (1 - 3\eta)n^2 + (1 - 3\eta)n. \tag{3.23}$$

如果 $|W| \leqslant n/4$，由式 (3.23) 可得

$$\sum_{i=1}^{3} \deg(u_i) \leqslant (9\eta n - 9)\frac{n}{4} + (1 - 3\eta)n^2 + (1 - 3\eta)n = \left(1 - \frac{3}{4}\eta\right)n^2 - \left(3\eta + \frac{5}{4}\right)n, \tag{3.24}$$

与条件 $\sum_{i=1}^{3} \deg(u_i) \geqslant 3\left(\frac{n^2}{3} - \frac{\varepsilon n^2}{2}\right)$ 相矛盾.

如果 $|W| > n/4$，由断言 3.1.1 可知 u_i 与 W 中的一个顶点相邻，其中 $i = 1, 2, 3$. 又任意顶点 $w \in W$ 满足 $\deg(w) \leqslant \binom{|U|}{2}$，所以

$$\sum_{i=1}^{3} \deg(u_i) > 3\left(\frac{2n^2}{3} - \varepsilon n^2 - \binom{|U|}{2}\right) = 3\left(\frac{2n^2}{3} - \varepsilon n^2 - \binom{n - |W|}{2}\right). \tag{3.25}$$

联立 $\sum_{i=1}^{3} \deg(u_i)$ 的上下界可以得到不等式:

$$(9\eta n - 9)|W| + (1 - 3\eta)n^2 + (1 - 3\eta)n + 3\binom{n - |W|}{2} > 3\left(\frac{2n^2}{3} - \varepsilon n^2\right). \tag{3.26}$$

因为 $|W| > n/4$，$0 < \varepsilon \ll \eta \ll 1$ 和 n 充分大，所以不等式 (3.26) 不成立，矛盾.

情形 2: $|M| > n/3 - \eta n$.

如果 $|M| = n/3 - 1$，则 $|U_3| = 3$，此时我们不能利用引理 1.5.2 和引理 1.5.3. 事实上，当 $|M| > n/3 - \eta n$ 时，对于我们的证明，引理 1.5.1 已经足够了.

设 $W' = \{v \in W : \deg(v) \leqslant (5/18 + \tau)n^2\}$. 令 M' 是 M 中恰巧覆盖 W' 的每一个顶点的子匹配. 如果 $|W'| \leqslant \rho n$，令 $H' = H[V \setminus V(M')]$，对于每一个顶点 $u \in V(H')$，我

们断言 $\deg_{H'}(u) \geqslant \left(\frac{5}{9} + \gamma\right)\binom{n}{2}$. 确实, 从 W' 的定义可知, 每一个顶点 $u \in V(H')$ 满足 $\deg_H(u) > (5/18 + \tau)n^2$. 因此,

$$\deg_{H'}(u) \geqslant \deg_H(u) - 3n|W'| > \left(\frac{5}{18} + \tau\right)n^2 - 3n|W'|. \tag{3.27}$$

因为 $|W'| \leqslant \rho n$, $0 < \gamma \ll \rho \ll \tau \ll 1$ 和 n 充分大, 所以

$$\deg_{H'}(u) > \left(\frac{5}{18} + \tau\right)n^2 - 3\rho n^2 > \left(\frac{5}{9} + \gamma\right)\binom{n}{2}. \tag{3.28}$$

另外, 因为 n 是可以被 3 整除的, 所以 $|V(H')|$ 也是可以被 3 整除的. 由定理 3.0.2 可知 H' 包含一个完美匹配 M''. 这样我们得到了 H 的一个完美匹配 $M' \cup M''$.

综上, 我们可以假设 $|W'| \geqslant \rho n$. 如果 u_1, u_2, u_3 中有一个顶点, 不妨设为 u_1, 与 W' 中的顶点相邻, 由 W' 的定义, 可得 $\deg(u_1) > 2n^2/3 - \varepsilon n^2 - \left(\frac{5}{18} + \tau\right)n^2$. 又知 $\deg(u_i) > n^2/3 - \varepsilon n^2/2$, $i = 2, 3$, 因此

$$\sum_{i=1}^3 \deg(u_i) > \left(\frac{4}{3}n^2 - 2\varepsilon n^2\right) - \left(\frac{5}{18} + \tau\right)n^2 = \left(\frac{19}{18} - 2\varepsilon - \tau\right)n^2. \tag{3.29}$$

由引理 1.5.1, 可知

$$\sum_{i=1}^3 \deg(u_i) \leqslant 18\binom{|M|}{2} + 9|M| + 9|M|(n - 3|M| - 1)$$
$$= -18\left(|M| - \frac{1}{4}n + \frac{1}{4}\right)^2 + \frac{9}{8}n^2 - \frac{9}{4}n + \frac{9}{8}, \tag{3.30}$$

其中 $18\binom{|M|}{2}$ 计算的是另外两个顶点分别来自 M 的两条不同匹配边的边数, $9|M|$ 计算的是另外两个顶点来自 M 的同一条匹配边的边数, $9|M|(n - 3|M| - 1)$ 计算的是另外两个顶点一个在 $V(M)$ 中, 另一个在 U_3 中的边数. 因为 $|M| > n/3 - \eta n$, 所以

$$\sum_{i=1}^3 \deg(u_i) \leqslant -18\left(\frac{n}{3} - \eta n - \frac{1}{4}n + \frac{1}{4}\right)^2 + \frac{9}{8}n^2 - \frac{9}{4}n + \frac{9}{8} = (1 + 3\eta - 18\eta^2)n^2 + (9\eta - 3)n.$$

但是因为 $0 < \varepsilon \ll \eta \ll \tau \ll 1$ 和 n 充分大, 所以 $(1 + 3\eta - 18\eta^2)n^2 + (9\eta - 3)n < \left(\frac{19}{18} - 2\varepsilon - \tau\right)n^2$, 与式 (3.29) 相矛盾.

如果在顶点 u_1, u_2, u_3 中没有顶点与 W' 中的顶点相邻, 则我们有

$$\sum_{i=1}^3 \deg(u_i) \leqslant 18\binom{|M| - |M'|}{2} + 9(|M| - |M'|) + 9(|M| - |M'|)(n - 3|M| - 1) +$$
$$3\binom{2|M'|}{2} + 3(2|M'|)(n - 3|M'| - 1)$$

$$= -3\left(|M'| + \frac{1}{2}n - \frac{3}{2}|M|\right)^2 - \frac{45}{4}|M|^2 + \frac{9}{2}n|M| - 9|M| + \frac{3}{4}n^2. \quad (3.31)$$

这里 $18\binom{|M|-|M'|}{2}$ 计算的是另外两个顶点分别来自 $M \setminus M'$ 中的两条不同匹配边的边数, $9(|M|-|M'|)$ 计算的是另外两个顶点恰巧来自 $M \setminus M'$ 中的一条边的边数, $9(|M|-|M'|)(n - 3|M| - 1)$ 计算的是另外两个顶点一个在 $V(M \setminus M')$ 中, 另一个在 U_3 中的边数, $3\binom{2|M'|}{2}$ 计算的是另外两个顶点在 $V(M') \setminus W'$ 中的边数, $3(2|M'|)(n - 3|M| - 1)$ 计算的是另外两个顶点一个在 $V(M') \setminus W'$ 中, 另一个在 $V(H) \setminus V(M')$ 中的边数. 因为 $-n/2 + 3|M|/2 < 0$ 和 $|M'| = |W'| \geqslant \rho n$, 所以

$$\sum_{i=1}^{3} \deg(u_i) \leqslant -3\left(\rho n + \frac{1}{2}n - \frac{3}{2}|M|\right)^2 - \frac{45}{4}|M|^2 + \frac{9}{2}n|M| - 9|M| + \frac{3}{4}n^2$$

$$= -18\left(|M| - \frac{1}{4}n - \frac{1}{4}\rho n + \frac{1}{4}\right)^2 + \left(\frac{9}{8} - \frac{15}{8}\rho^2 - \frac{3}{4}\rho\right)n^2 - \frac{9}{4}\rho n - \frac{9}{4}n + \frac{9}{8}.$$

又 $0 < \rho \ll 1$, 所以 $\frac{1}{4}n + \frac{1}{4}\rho n - \frac{1}{4} < \frac{n}{3} - \eta n$. 进一步, $|M| > \frac{n}{3} - \eta n$, 我们可得

$$\sum_{i=1}^{3} \deg(u_i) \leqslant -18\left(\frac{n}{3} - \eta n - \frac{1}{4}n - \frac{1}{4}\rho n + \frac{1}{4}\right)^2 + \left(\frac{9}{8} - \frac{15}{8}\rho^2 - \frac{3}{4}\rho\right)n^2 - \frac{9}{4}\rho n - \frac{9}{4}n + \frac{9}{8}$$

$$= \left(1 - 3\rho^2 - 9\eta\rho + 3\eta - 18\eta^2\right)n^2 + (9\eta - 3)n. \quad (3.32)$$

我们知道 $0 < \varepsilon \ll \eta \ll \rho \ll 1$ 且 n 充分大, 所以不等式 (3.32) 与条件 $\sum_{i=1}^{3} \deg(u_i) \geqslant 3\left(n^2/3 - \varepsilon n^2/2\right)$ 相矛盾.

3.2　非完美匹配

在这一部分, 我们证明当 $s \leqslant n/3 - 1$ 时, 定理 3.0.1 也是正确的. 显然由定理 2.3.1 可知当 $s \leqslant (n-7)/4$ 时, 定理 3.0.1 成立, 所以我们只需要证明 $s > (n-7)/4$ 的情形, 即证明下面的定理.

定理 3.2.1　[54] 存在一个整数 $n_0 \in \mathbb{N}$ 满足对所有的整数 $n \geqslant n_0$, 有下面结论成立: 假设 H 是一个阶为 n 且没有孤立顶点的 3 一致超图, 如果 $\sigma_2'(H) > \sigma_2'(H_{n,3,s}^2) = 2(s-1)(n-1)$ 和 $(n-7)/4 < s \leqslant n/3 - 1$, 则 H 包含一个大小为 s 的匹配.

定理 3.2.1 可以由下面的稳定结果直接得到.

定理 3.2.2　[54] 存在一个整数 $n_0 \in \mathbb{N}$ 满足对所有的整数 $n \geqslant n_0$, 有下面结论成立: 假设 H 是一个阶为 n 的 3 一致超图且没有孤立顶点, 如果 $\sigma_2'(H) > 2sn - \varepsilon n^2$ 和 $(n-7)/4 < s \leqslant n/3 - 1$, 则 $H \subseteq H_{n,3,s}^2$ 或者 H 包含一个大小为 s 的匹配.

的确如此, 如果 $\sigma_2'(H) > 2(s-1)(n-1)$, 则 $H \nsubseteq H_{n,3,s}^2$, 再由定理 3.2.2 可以得到 H 包含一个大小为 s 的匹配. 因为 $H_{n,3,s}^2$ 的所有真子超图 H 都满足 $\sigma_2'(H) < \sigma_2'(H_{n,3,s}^2)$, 所以我们还可以由定理 3.2.2 得到超图 $H_{n,3,s}^2$ 是定理 3.2.1 的唯一极值超图.

3.2.1 准备和证明概要

假设 H 是一个没有孤立顶点, 阶为 $n \geqslant n_0$ 的 3 一致超图且满足 $\sigma_2'(H) > 2sn - \varepsilon n^2$, $(n-7)/4 < s \leqslant n/3 - 1$. 我们需要下面几个小常数:

$$0 < \varepsilon \ll \varepsilon' \ll \varepsilon'' \ll \eta_1 \ll \eta_2 \ll \gamma \ll \gamma' \ll \rho_1 \ll \rho_2 \ll \tau \ll 1. \tag{3.33}$$

令 $U = \{u \in V(H) : \deg(u) > sn - \frac{1}{2}\varepsilon n^2\}$ 和 $W = V \setminus U$. 显然我们知道 W 中任意两个顶点都不相邻, 否则存在两个相邻的顶点 u 和 v 满足 $\deg(u) + \deg(v) \leqslant 2sn - \varepsilon n^2$, 矛盾. 如果 $|U| \leqslant 2s - 1$, 则 $H \subseteq H_{n,3,s}^2$, 证毕. 因此我们可以假设 $|U| \geqslant 2s$.

我们分下面两步完成证明.

步骤 1: 在这一步我们证明如果 $2s \leqslant |U| \leqslant 3s$, 则 H 包含一个大小为 $3s - |U|$ 的匹配且满足每一条匹配边包含 W 中的一个顶点, 即下面的引理 3.2.1.

引理 3.2.1 *存在 $\varepsilon > 0$ 和 $n_0 \in \mathbb{N}$ 使得下面结论成立: 假设 H 是一个没有孤立顶点, 阶为 $n \geqslant n_0$ 的 3 一致超图, 且满足 $\sigma_2'(H) > 2sn - \varepsilon n^2$, 令 $U = \{u \in V(H) : \deg(u) > sn - \varepsilon n^2/2\}$ 和 $W = V \setminus U$, 如果 $2s \leqslant |U| \leqslant 3s$, 则 H 包含一个大小为 $3s - |U|$ 的匹配, 且匹配中的每一条边都包含 W 中的一个顶点.*

我们证明引理 3.2.1 的方法是, 首先考虑满足特定条件的一个最大匹配, 记为 M, 该特定条件是 M 中的每一条边包含 W 的一个顶点. 假设 $|M| < 3s - |U|$. 如果 $2s + \varepsilon' n \leqslant |U| \leqslant 3s$, 则我们选择两个相邻的顶点, 一个来自 W, 另一个来自 U, 计算这两个顶点的度和, 推出矛盾. 如果 $2s \leqslant |U| < 2s + \varepsilon' n$, 则我们选择三个没有被覆盖的顶点, 一个来自 W, 另外两个来自 U, 计算这三个顶点的度和, 得到矛盾.

步骤 2: 我们证明 H 包含一个大小为 s 的匹配.

因为引理 3.2.1 成立, 所以我们可以设 M 是满足下面条件的一个匹配: (i) M 包含一个大小至少为 $\max\{3s - |U|, 0\}$ 的子匹配 $M_1 = \{e \in M : e \cap W \neq \varnothing\}$; (ii) 在满足 (i) 的条件下, $|M|$ 尽可能地大; (iii) 在满足 (i) 和 (ii) 的条件下, $|M_1|$ 尽可能地大. 我们分下面两种情形完成证明.

情形 1: $2s \leqslant |U| \leqslant 3s$ 且 $|M_1| = 3s - |U|$.

情形 2: $2s \leqslant |U| \leqslant 3s$ 且 $|M_1| > 3s - |U|$ 或者 $|U| \geqslant 3s + 1$.

假设 $|M| < s$. 在情形 1 和情形 2 中，我们需要分几种子情形考虑三个顶点度和的上下界，推出矛盾，这三个顶点都来自 $V \setminus V(M)$. 在有些情形下，我们需要利用定理 3.0.3.

3.2.2　引理 3.2.1 的证明

选择满足特定条件的一个最大匹配，记为 M，该特定条件是 M 中的每一条边 e 包含 W 中的一个顶点. 用反证法证明，假设 $|M| \leqslant 3s - |U| - 1$. 令 $U_1 = V(M) \cap U$, $U_2 = U \setminus U_1$, $W_1 = V(M) \cap W$ 和 $W_2 = W \setminus W_1$，则 $|U_2| = |U| - 2|M| \geqslant 2$. 我们分下面两种情形证明.

情形 1: $2s + \varepsilon'n \leqslant |U| \leqslant 3s$.

我们进一步分下面两种子情形.

情形 1.1: 不存在 U_2 中的顶点与 W_2 中的顶点相邻.

固定 $v_0 \in W_2$，则有 $\deg(v_0) \leqslant \binom{|U_1|}{2} = \binom{2|M|}{2}$. 因为 v_0 不是一个孤立顶点，所以存在一个顶点 $u_0 \in U_1$ 与 v_0 相邻. 进一步可知 $L_{u_0}(U_2, W_2) = \varnothing$，因此 $\deg(u_0) \leqslant \binom{|U|-1}{2} + (|U| - 1)|W| - |U_2||W_2|$. 因为 $|W| = n - |U|$, $|U_2| = |U| - 2|M|$ 和 $|W_2| = n - |U| - |M|$，所以我们可以得到

$$\deg(v_0) + \deg(u_0) \leqslant \binom{2|M|}{2} + \binom{|U|-1}{2} + (|U| - 1)(n - |U|) - (|U| - 2|M|)(n - |U| - |M|)$$

$$= (2n - |U| - 1)|M| + \frac{1}{2}(|U| - 1)(|U| - 2) - (n - |U|).$$

又知 $2n - |U| - 1 > 0$ 和 $|M| \leqslant 3s - |U| - 1$，所以

$$\deg(v_0) + \deg(u_0) \leqslant (2n - |U| - 1)(3s - |U| - 1) + \frac{1}{2}(|U| - 1)(|U| - 2) - (n - |U|)$$

$$= \frac{3}{2}\left(|U| - \frac{2}{3}n - s + \frac{1}{2}\right)^2 + 4sn - 2n - \frac{3}{2}s + \frac{13}{8} - \frac{2}{3}n^2 - \frac{3}{2}s^2.$$

注意到 $s \leqslant n/3 - 1$，从而 $|U| \leqslant 3s < \frac{2}{3}n + s - \frac{1}{2}$. 因此，

$$\deg(v_0) + \deg(u_0) \leqslant \frac{3}{2}\left(2s + \varepsilon'n - \frac{2}{3}n - s + \frac{1}{2}\right)^2 + 4sn - 2n - \frac{3}{2}s + \frac{13}{8} - \frac{2}{3}n^2 - \frac{3}{2}s^2$$

$$= \frac{3}{2}\varepsilon'^2 n^2 - 2\varepsilon'n^2 + 3\varepsilon'sn + 2sn + \frac{3}{2}\varepsilon'n - 3n + 2. \tag{3.34}$$

因为 v_0 和 u_0 是相邻的，所以 $\sigma'_2(H) \leqslant \deg(v_0) + \deg(u_0)$. 但是

$$\frac{3}{2}\varepsilon'^2 n^2 - 2\varepsilon'n^2 + 3\varepsilon'sn + 2sn + \frac{3}{2}\varepsilon'n - 3n + 2 - \left(2sn - \varepsilon n^2\right)$$

$$= 3\varepsilon'ns + \frac{3}{2}\varepsilon'^2 n^2 - 2\varepsilon'n^2 + \frac{3}{2}\varepsilon'n - 3n + 2 + \varepsilon n^2$$

$$\leqslant \varepsilon' n^2 + \frac{3}{2}\varepsilon'^2 n^2 - 2\varepsilon' n^2 + \frac{3}{2}\varepsilon' n - 3n + 2 + \varepsilon n^2$$

$$= \left(\frac{3}{2}\varepsilon'^2 - \varepsilon' + \varepsilon\right)n^2 + \left(\frac{3}{2}\varepsilon' - 3\right)n + 2 < 0, \tag{3.35}$$

矛盾. 上面最后一个不等式成立是因为 $1 \gg \varepsilon' \gg \varepsilon > 0$ 和 n 充分大.

情形 1.2: 存在顶点 $u_0 \in U_2$ 和顶点 $v_0 \in W_2$ 相邻.

假设 $M' = \{e \in M : \exists u' \in e, |N(v_0, u') \cap U_2| \geqslant 3\}$. 令 $\{u_1, u_2, v_1\} \in M'$ 满足 $u_1, u_2 \in U_1, v_1 \in W_1$ 和 $|N(v_0, u_1) \cap U_2| \geqslant 3$. 我们断言:

$$N(u_0, v_1) \cap (U_2 \cup \{u_2\}) = \varnothing. \tag{3.36}$$

的确如此, 如果对于某个 $u_3 \in U_2$ (resp. $\{u_0, v_1, u_2\} \in E(H)$) 满足 $\{u_0, v_1, u_3\} \in E(H)$, 则我们可以找到 $u_4 \in U_2 \setminus \{u_0, u_3\}$ (resp. $u_4 \in U_2 \setminus \{u_0\}$) 满足 $\{v_0, u_1, u_4\} \in E(H)$. 在 M 中, 用边 $\{u_0, v_1, u_3\}$ 和边 $\{v_0, u_1, u_4\}$ 替换边 $\{u_1, u_2, v_1\}$, 则可以得到一个比 M 更大的匹配, 矛盾.

由 M' 的定义, 可知

$$\deg(v_0) \leqslant \binom{|U_1|}{2} + 2|M'||U_2| + 2(|U_1| - 2|M'|) = \binom{|U_1|}{2} + 2|U_1| + |M'|(2|U_2| - 4). \tag{3.37}$$

由式 (3.36), 我们有

$$\deg(u_0) \leqslant \binom{|U| - 1}{2} + |U_1||W_2| + |U_1||W_1| - |M'| + (|U_2| - 1)(|W_1| - |M'|)$$

$$= \binom{|U| - 1}{2} + |U_1||W| + (|U_2| - 1)|W_1| - |U_2||M'| \tag{3.38}$$

因此

$$\deg(v_0) + \deg(u_0) \leqslant \binom{|U_1|}{2} + 2|U_1| + \binom{|U| - 1}{2} + |U_1||W| +$$

$$(|U_2| - 1)|W_1| + |M'|(|U_2| - 4).$$

因为 $|M| \leqslant 3s - |U| - 1$ 和 $|U| \geqslant 2s + \varepsilon' n$, 所以 $|U_2| = |U| - 2|M| \geqslant 3|U| - 6s + 2 > 4$. 又 $|M'| \leqslant |M| = |W_1| = \frac{|U_1|}{2}$, 所以

$$\deg(v_0) + \deg(u_0) \leqslant \binom{|U_1|}{2} + 2|U_1| + \binom{|U| - 1}{2} + |U_1||W| + (|U_2| - 1)\frac{|U_1|}{2} + \frac{|U_1|}{2}(|U_2| - 4)$$

$$= \left(\binom{|U|}{2} - \binom{|U_2|}{2}\right) + \binom{|U| - 1}{2} + |U_1|\left(|W| - \frac{1}{2}\right)$$

$$= (|U| - 1)^2 - \binom{|U| - 2|M|}{2} + |M| (2(n - |U|) - 1). \tag{3.39}$$

由 $|M| \leqslant 3s - |U| - 1$, 我们可以进一步得到

$$\deg(v_0) + \deg(u_0) \leqslant (|U| - 1)^2 - \binom{|U| - 2(3s - |U| - 1)}{2} + (3s - |U| - 1)(2(n - |U|) - 1)$$

$$= -\frac{3}{2}\left(|U| + \frac{2}{3}n - 4s + \frac{7}{6}\right)^2 + \frac{2}{3}n^2 - 2sn + 6s^2 + \frac{1}{3}n - 8s + \frac{73}{24}.$$

不难验证 $2s + \varepsilon'n \geqslant -\frac{2}{3}n + 4s - \frac{7}{6}$, 所以

$$\deg(v_0) + \deg(u_0) \leqslant -\frac{3}{2}\left(2s + \varepsilon'n + \frac{2}{3}n - 4s + \frac{7}{6}\right)^2 + \frac{2}{3}n^2 - 2sn + 6s^2 + \frac{1}{3}n - 8s + \frac{73}{24}$$

$$= -\frac{3}{2}\varepsilon'^2 n^2 + 6\varepsilon'sn - \frac{7}{2}\varepsilon'n - 2\varepsilon'n^2 - s + 2sn - 2n + 1. \tag{3.40}$$

又 v_0 和 u_0 相邻, 所以 $\sigma_2'(H) \leqslant \deg(v_0) + \deg(u_0)$. 但是

$$-\frac{3}{2}\varepsilon'^2 n^2 + 6\varepsilon'sn - \frac{7}{2}\varepsilon'n - 2\varepsilon'n^2 - s + 2sn - 2n + 1 - \left(2sn - \varepsilon n^2\right)$$

$$= (6\varepsilon'n - 1)s - \frac{3}{2}\varepsilon'^2 n^2 - \frac{7}{2}\varepsilon'n + 1 - 2\varepsilon'n^2 - 2n + \varepsilon n^2$$

$$\leqslant (6\varepsilon'n - 1)\frac{n}{3} - \frac{3}{2}\varepsilon'^2 n^2 - \frac{7}{2}\varepsilon'n + 1 - 2\varepsilon'n^2 - 2n + \varepsilon n^2$$

$$= \left(-\frac{3}{2}\varepsilon'^2 + \varepsilon\right)n^2 + \left(-\frac{7}{3} - \frac{7}{2}\varepsilon'\right)n + 1 < 0, \tag{3.41}$$

矛盾. 上面最后一个不等式成立是因为 $1 \gg \varepsilon' \gg \varepsilon > 0$ 和 n 充分大.

情形 2: $2s \leqslant |U| < 2s + \varepsilon'n$.

我们有下面两个断言.

断言 3.2.1　U 中的每一个顶点在 W 中都有邻点.

证明　用反证法证明, 假设 U 中存在一个顶点, 记为 u^*, 与 W 中的任何顶点都不相邻, 则

$$\deg(u^*) \leqslant \binom{|U| - 1}{2} < \binom{2s + \varepsilon'n - 1}{2}, \tag{3.42}$$

因为 $0 < \varepsilon \ll \varepsilon' \ll 1$ 和 $n/13 \leqslant s \leqslant n/3 - 1$, 所以不等式 (3.42) 与条件 $\deg(u^*) > sn - \frac{1}{2}\varepsilon n^2$ 相矛盾. $\quad\square$

断言 3.2.2　$|M| \geqslant s - \varepsilon''n$.

证明 用反证法证明，假设 $|M| < s - \varepsilon'' n$. 固定 $v_0 \in W_2$. 因为没有类型 $U_2 U_2 W_2$ 的边，所以 $\deg(v_0) \leqslant \binom{|U|}{2} - \binom{|U_2|}{2}$. 假设 $u \in U$ 与 v_0 相邻. 显然有 $\deg(u) \leqslant \binom{|U|-1}{2} + (|U|-1)|W|$. 因此

$$\deg(v_0) + \deg(u) \ \leqslant \ \binom{|U|-1}{2} + (|U|-1)|W| + \binom{|U|}{2} - \binom{|U_2|}{2} = (n-1)(|U|-1) - \binom{|U_2|}{2}.$$

因为 $|U| < 2s + \varepsilon' n$, 所以 $|U_2| \geqslant 2\varepsilon'' n$. 因而

$$\deg(u) + \deg(v_0) \leqslant (n-1)(2s + \varepsilon' n - 1) - \binom{2\varepsilon'' n}{2}. \tag{3.43}$$

因为 $0 < \varepsilon \ll \varepsilon' \ll \varepsilon'' \ll 1$, 所以不等式 (3.43) 与 $\deg(u) + \deg(v_0) > 2sn - \varepsilon n^2$ 相矛盾. $\square$

固定 $u_1 \neq u_2 \in U_2$ 和 $v_0 \in W_2$. 显然任意顶点 $w \in W$ 满足 $\deg(w) \leqslant \binom{|U|}{2}$, 任意顶点 $u \in U$ 满足 $\deg(u) \leqslant \binom{|U|-1}{2} + |W|(|U|-1)$. 进一步, 对于任意两个不同的匹配边 $e_1, e_2 \in M$, 我们注意到在所有满足一个顶点在 e_1 中, 一个顶点在 e_2 中, 一个顶点在 $\{u_1, u_2, v_0\}$ 中, 类型为 UUW 的 3 元子集中, 至少有一个不是 H 的边, 否则我们可以扩充匹配 M. 由断言 3.2.2, 可得 $|M| \geqslant s - \varepsilon'' n$. 因此,

$$\deg(u_1) + \deg(u_2) + \deg(v_0) \leqslant 2\left(\binom{|U|-1}{2} + |W|(|U|-1)\right) + \binom{|U|}{2} - \binom{s - \varepsilon'' n}{2}. \tag{3.44}$$

另外, 由断言 3.2.1, 我们知道 u_i 与 W 中的某点相邻, $i = 1, 2$. 又知 v_0 与 U 中的某点相邻. 因此 $\deg(u_i) > (2sn - \varepsilon n^2) - \binom{|U|}{2}$, $i = 1, 2$, $\deg(v_0) > (2sn - \varepsilon n^2) - \left(\binom{|U|-1}{2} + |W|(|U|-1)\right)$. 于是

$$\deg(u_1) + \deg(u_2) + \deg(v_0) > 3\left(2sn - \varepsilon n^2\right) - 2\binom{|U|}{2} - \binom{|U|-1}{2} - |W|(|U|-1). \tag{3.45}$$

由 $\deg(u_1) + \deg(u_2) + \deg(v_0)$ 的上界和下界, 我们可知下面的式子成立:

$$3\left(\binom{|U|-1}{2} + |W|(|U|-1) + \binom{|U|}{2}\right) - \binom{s - \varepsilon'' n}{2} > 3\left(2sn - \varepsilon n^2\right),$$

上面式子等价于

$$(|U|-1)(n-1) - \frac{1}{3}\binom{s - \varepsilon'' n}{2} > 2sn - \varepsilon n^2. \tag{3.46}$$

因为 $|U| \leqslant 2s + \varepsilon' n$, $n/13 \leqslant s \leqslant n/3 - 1$, $0 < \varepsilon \ll \varepsilon' \ll \varepsilon'' \ll 1$ 和 n 充分大, 所以不等式 (3.46) 显然不成立. 我们完成了引理 3.2.1 的证明.

3.2.3　定理 3.2.2 的证明

假设 H 是一个没有孤立顶点, 阶为 $n \geqslant n_0$ 的 3 一致超图且满足 $\sigma'_2(H) > 2sn - \varepsilon n^2$, 其中 $n/13 < s \leqslant n/3 - 1$. 令 $U = \{u \in V(H) : \deg(u) > sn - \frac{1}{2}\varepsilon n^2\}$ 和 $W = V \setminus U$. 显然 W 的任意两个顶点都不相邻. 如果 $|U| \leqslant 2s - 1$, 则 $H \subseteq H_{n,3,s}^2$, 完成证明. 在下面的证明过程中我们假设 $|U| \geqslant 2s$.

我们选择 H 的一个匹配, 记为 M, 使得它满足以下条件: (i) M 包含一个大小至少为 $\max\{3s - |U|, 0\}$ 的子匹配 $M_1 = \{e \in M : e \cap W \neq \varnothing\}$; (ii) 在满足 (i) 的条件下, $|M|$ 的大小尽可能大; (iii) 在满足 (i) 和 (ii) 的条件下, $|M_1|$ 尽可能大. 由引理 3.2.1, 可知满足上述条件的匹配 M 是存在的. 令 $M_2 = M \setminus M_1$, $U_1 = V(M_1) \cap U$, $U_2 = V(M_2)$, $U_3 = U \setminus V(M)$, $W_1 = V(M_1) \cap W$ 和 $W_2 = W \setminus W_1$. 用反证法证明, 假设 $|M| \leqslant s - 1$. 由 M 的选择可知, 对于任意的 $e \in M_2$, 任意的 $v \in W_2$ 和任意的 $u \in U_3$, 有 $L_v(e, U_3) = L_u(e, W_2) = \varnothing$. 又知 $|U_3| = |U| + |M_1| - 3|M| \geqslant 3 + |M_1| - (3s - |U|) \geqslant 3$, 可以令 $u_1, u_2, u_3 \in U_3$. 如果 $W_2 \neq \varnothing$, 则令 $v_1 \in W_2$. 因为 $u_i \in U$, $i = 1, 2, 3$, 所以

$$\sum_{i=1}^{3} \deg(u_i) \geqslant 3sn - \frac{3}{2}\varepsilon n^2. \tag{3.47}$$

另外, 如果 u_1 和 v_1 相邻, 则

$$\sum_{i=1}^{2} \deg(u_i) + \deg(v_1) \geqslant \sigma'_2(H) + \deg(u_2) \geqslant 3sn - \frac{3}{2}\varepsilon n^2. \tag{3.48}$$

我们首先有下面的断言.

断言 3.2.3　对于任意两个不同的匹配边 $e_1, e_2 \in M$, 我们有 $\sum_{i=1}^{3} |L_{u_i}(e_1, e_2)| \leqslant 18$ 和 $\sum_{i=1}^{2} |L_{u_i}(e_1, e_2)| + |L_{v_1}(e_1, e_2)| \leqslant 18$.

证明　假设 H_1 是由顶点集合 e_1, e_2 和 $\{u_1, u_2, u_3\}$ 导出的 H 的 3 部子超图. 我们注意到 H_1 不包含一个完美匹配, 否则可以扩充匹配 M. 由引理 1.5.1, 可以得到 $|E(H_1)| = \sum_{i=1}^{3} |L_{u_i}(e_1, e_2)| \leqslant 18$. 类似地, 可以得到 $\sum_{i=1}^{2} |L_{u_i}(e_1, e_2)| + |L_{v_1}(e_1, e_2)| \leqslant 18$. □

如果顶点 u_1, u_2, u_3 与 W_2 中的顶点都不相邻, 由断言 3.2.3可以得到

$$\sum_{i=1}^{3} \deg(u_i) \leqslant 18\binom{|M|}{2} + 9|M| + \sum_{i=1}^{3} |L_{u_i}(V(M_1), U_3)| + \sum_{i=1}^{3} |L_{u_i}(V(M_2), U_3)|. \tag{3.49}$$

又对任意的 $v \in W_2$, $u \in U_3$ 和 $e \in M_2$, 我们有 $L_v(e, U_3) = L_u(e, W_2) = \varnothing$. 由断言 3.2.3,

我们也可以得到

$$\sum_{i=1}^{2} \deg(u_i) + \deg(v_1) \leqslant 18\binom{|M|}{2} + 9|M| + \sum_{i=1}^{2} |L_{u_i}(V(M_1), U_3 \cup W_2)| +$$

$$|L_{v_1}(V(M_1), U_3 \cup W_2)| + \sum_{i=1}^{2} |L_{u_i}(V(M_2), U_3)|. \quad (3.50)$$

我们分下面两种情形完成证明.

情形 1: $2s \leqslant |U| \leqslant 3s$ 且 $|M_1| = 3s - |U|$.

在这种情形下, 可以得到 $|M_2| = |M| + |U| - 3s$, $|U_3| = 3s - 3|M|$ 和 $|W_2| = n - 3s \geqslant 3$.

断言 3.2.4 对于任意边 $e \in M_1$, 有下面结论成立:

(i) $\sum_{i=1}^{2} |L_{u_i}(e, U_3 \cup W_2)| + |L_{v_1}(e, U_3 \cup W_2)| \leqslant \max\{14, 4|U_3| - 2, 3|U_3| + 4, 2(|U_3| + |W_2| - 1) + |U_3| + 4\}$;

(ii) 如果 $|U_3| \geqslant 4$, 则 $\sum_{i=1}^{3} |L_{u_i}(e, U_3)| \leqslant 6(|U_3| - 1)$.

证明 假设 $e = \{v_1', u_2', u_3'\} \in M_1$, 其中 $v_1' \in W_1$ 和 $u_2', u_3' \in U_1$.

(i) 令 $A = U_3$, $B = W_2$, $E(G_1) = L_{v_1'}(U_3 \cup W_2)$ 和 $E(G_i) = L_{u_i'}(U_3 \cup W_2)$, $i = 2, 3$. 由 M 的选择可知, 不存在满足下面两种情形的两条不交边: (a) 一条来自 G_1, 另一条来自 G_2 或者 G_3; (b) 一条来自 G_2, 另一条来自 G_3, 且其中一条边包含 B 中的顶点. 进一步, 不难验证

$$\sum_{i=1}^{2} |L_{u_i}(e, U_3 \cup W_2)| + |L_{v_1}(e, U_3 \cup W_2)| = \sum_{i=1}^{3} \left(\sum_{j=1}^{2} \deg_{G_i}(u_j) + \deg_{G_i}(v_1)\right)(3.51)$$

由引理 1.5.12 可知结论成立.

(ii) 令 $V = U_3$, $E(G_1) = L_{v_1'}(U_3)$ 和 $E(G_i) = L_{u_i'}(U_3)$, $i = 2, 3$. 由引理 1.5.2 和 M 的选择, 可知结论成立. $\square$

断言 3.2.5 对于任意边 $e \in M_2$, 有下面结论成立:

(i) 如果 $|U_3| \geqslant 5$, 则 $\sum_{i=1}^{3} |L_{u_i}(e, U_3)| \leqslant 3(|U_3| + 1)$;

(ii) 如果 $|U_3| \geqslant 5$, 则 $\sum_{i=1}^{2} |L_{u_i}(e, U_3)| \leqslant 3|U_3|$;

(iii) 如果 $|U_3| = 3$, 则 $\sum_{i=1}^{2} |L_{u_i}(e, U_3)| \leqslant 12$.

证明 假设 $e = \{u_1', u_2', u_3'\} \in M_2$, 其中 $u_1', u_2', u_3' \in U_2$. 令 $V = U_3$ (如果 $|U_3| = 3$, 令 $V = U_3 \cup \{v_1\}$) 和 $E(G_i) = L_{u_i'}(U_3)$ ($E(G_i) = L_{u_i'}(U_3 \cup \{v_1\})$), $i = 1, 2, 3$. 由 M 的选择, 再分别利用引理 1.5.3 和引理 1.5.4, 我们知道结论成立. $\square$

如果 u_1, u_2, u_3 与 W_2 中的顶点都不相邻且 $|U_3| \geqslant 5$, 联立式 (3.49), 断言 3.2.4 (ii) 和

断言 3.2.5 (i), 可得

$$\sum_{i=1}^{3} \deg(u_i) \leqslant 18\binom{|M|}{2} + 9|M| + 6|M_1|(|U_3| - 1) + 3|M_2|(|U_3| + 1)$$

$$= 18\binom{|M|}{2} + 9|M| + 6(3s - |U|)(3s - 3|M| - 1) + 3(|M| + |U| - 3s)(3s - 3|M| + 1)$$

$$= (9|U| - 18s + 3)|M| + 6(3s - |U|)(3s - 1) + 3(|U| - 3s)(3s + 1). \tag{3.52}$$

如果 $|U_3| \geqslant 6$, 则由断言 3.2.4 (i), 对于任意的 $e \in M_1$, 我们有

$$\sum_{i=1}^{2} |L_{u_i}(e, U_3 \cup W_2)| + |L_{v_1}(e, U_3 \cup W_2)| \leqslant \max\{4|U_3| - 2, 2(|U_3| + |W_2| - 1) + |U_3| + 4\}.$$

又知 $4|U_3| - 2 \geqslant 2(|U_3| + |W_2| - 1) + |U_3| + 4$ 当且仅当 $|U_3| \geqslant 2|W_2| + 4$, 所以如果 $|U_3| \geqslant 2|W_2| + 4$, 则由式 (3.50) 和断言 3.2.5 (ii), 可得

$$\sum_{i=1}^{2} \deg(u_i) + \deg(v_1) \leqslant 18\binom{|M|}{2} + 9|M| + |M_1|(4|U_3| - 2) + 3|M_2||U_3|$$

$$= 18\binom{|M|}{2} + 9|M| + (3s - |U|)(4(3s - 3|M|) - 2) +$$

$$3(|M| + |U| - 3s)(3s - 3|M|)$$

$$= 3|U||M| - 3s|U| + 2|U| + 9s^2 - 6s, \tag{3.53}$$

否则

$$\sum_{i=1}^{2} \deg(u_i) + \deg(v_1) \leqslant 18\binom{|M|}{2} + 9|M| + |M_1|(2(|U_3| + |W_2| - 1) + |U_3| + 4) + 3|M_2||U_3|$$

$$= 9s|M| + (-2n + 6s - 2)|U| + 6sn - 18s^2 + 6s. \tag{3.54}$$

断言 3.2.6　$|M| > s - \eta_1 n$.

证明　假设 $|M| \leqslant s - \eta_1 n$, 则 $|U_3| = 3s - 3|M| \geqslant 3\eta_1 n > 6$. 因为 $s - \eta_1 n \geqslant |M| \geqslant |M_1| = 3s - |U|$, 所以 $|U| \geqslant 2s + \eta_1 n$, 进而 $9|U| - 18s + 3 > 0$. 如果 u_1, u_2, u_3 与 W_2 中的任何顶点都不相邻, 则由式 (3.52)可得

$$\sum_{i=1}^{3} \deg(u_i) \leqslant (9|U| - 18s + 3)(s - \eta_1 n) + 6(3s - |U|)(3s - 1) + 3(|U| - 3s)(3s + 1)$$

$$= (-9\eta_1 n + 9)|U| - (18s - 3)(s - \eta_1 n) + 18s(3s - 1) - 9s(3s + 1).$$

因为 $-9\eta_1 n + 9 < 0$ 和 $|U| \geqslant 2s + \eta_1 n$, 所以

$$\sum_{i=1}^{3} \deg(u_i) \leqslant (-9\eta_1 n + 9)(2s + \eta_1 n) - (18s - 3)(s - \eta_1 n) + 18s(3s - 1) - 9s(3s + 1)$$

$$= 9s^2 - 9\eta_1^2 n^2 + 6\eta_1 n - 6s.$$

令

$$f(s) = 9s^2 - 9\eta_1^2 n^2 + 6\eta_1 n - 6s - \left(3sn - \frac{3}{2}\varepsilon n^2\right).$$

由式 (3.47), 可知 $f(s) \geqslant 0$. 但是因为

$$f\left(\frac{n}{3} - 1\right) = -9\eta_1^2 n^2 + \frac{3}{2}\varepsilon n^2 + 6\eta_1 n - 5n + 15 < 0$$

和

$$f\left(\frac{n}{13}\right) = -\frac{30}{169}n^2 - 9\eta_1^2 n^2 + \frac{3}{2}\varepsilon n^2 + 6\eta_1 n - \frac{6}{13}n < 0,$$

所以 $f(s) \leqslant \max\left\{f\left(\frac{n}{3} - 1\right), f\left(\frac{n}{13}\right)\right\} < 0$, 矛盾.

不失一般性, 我们假设 u_1 与 v_1 相邻. 如果 $|U_3| \geqslant 2|W_2| + 4$, 则由式 (3.53), $|M| \leqslant s - \eta_1 n$ 和 $|U| \geqslant 2s + \eta_1 n$, 我们得到

$$\sum_{i=1}^2 \deg(u_i) + \deg(v_1) \leqslant 3|U|(s - \eta_1 n) - 3s|U| + 2|U| + 9s^2 - 6s$$
$$= (2 - 3\eta_1 n)|U| + 9s^2 - 6s$$
$$\leqslant 9s^2 - 3\eta_1^2 n^2 - 6\eta_1 sn + 2\eta_1 n - 2s.$$

如果 $|U_3| < 2|W_2| + 4$, 则由 $|M| \leqslant s - \eta_1 n$, $|U| \geqslant 2s + \eta_1 n$ 和式 (3.54), 我们可以得到

$$\sum_{i=1}^2 \deg(u_i) + \deg(v_1) \leqslant 9s(s - \eta_1 n) + (-2n + 6s - 2)(2s + \eta_1 n) + 6sn - 18s^2 + 6s$$
$$= 3s^2 - 2\eta_1^2 n^2 - 3\eta_1 sn - 2\eta_1 n + 2sn + 2s.$$

令

$$f_1(s) = 9s^2 - 3\eta_1^2 n^2 - 6\eta_1 sn + 2\eta_1 n - 2s - \left(3sn - \frac{3}{2}\varepsilon n^2\right)$$

和

$$f_2(s) = 3s^2 - 2\eta_1^2 n^2 - 3\eta_1 sn - 2\eta_1 n + 2sn + 2s - \left(3sn - \frac{3}{2}\varepsilon n^2\right).$$

不难验证 $f_2(s) < f_1(s)$. 由式 (3.48), 可知 $f_2(s) \geqslant 0$. 但是因为

$$f_1\left(\frac{n}{3} - 1\right) = \left(-2\eta_1 - 3\eta_1^2 + \frac{3}{2}\varepsilon\right)n^2 + 8\eta_1 n - \frac{11}{3}n + 11 < 0$$

和

$$f_1\left(\frac{n}{13}\right) = \left(-\frac{30}{169} - \frac{6}{13}\eta_1 - 3\eta_1^2 + \frac{3}{2}\varepsilon\right)n^2 + 2\eta_1 n - \frac{2}{13}n < 0,$$

所以 $f_1(s) \leqslant \max\left\{f_1\left(\frac{n}{3}-1\right), f_1\left(\frac{n}{13}\right)\right\} < 0$, 矛盾. □

断言 3.2.7　$s > n/3 - \eta_2 n$.

证明　假设 $s \leqslant n/3 - \eta_2 n$. 我们首先考虑 u_1, u_2, u_3 与 W_2 中的顶点都不相邻的情形.

如果 $|M| \leqslant s-2$, 则有 $|U_3| \geqslant 6$. 因为 $|U| \geqslant 2s$, 所以 $9|U| - 18s + 3 > 0$. 因此由式 (3.52)可得

$$\sum_{i=1}^{3}\deg(u_i) \leqslant (9|U| - 18s + 3)(s-2) + 6(3s - |U|)(3s-1) + 3(|U| - 3s)(3s+1)$$

$$= -9|U| + 9s^2 + 12s - 6$$

$$\leqslant -9(2s) + 9s^2 + 12s - 6 = 9s^2 - 6s - 6.$$

如果 $|M| = s-1$, 则有 $|U_3| = 3$. 又边 $e \in M$ 满足 $\sum_{i=1}^{3}|L_{u_i}(e, U_3)| \leqslant 18$, 所以我们可以得到

$$\sum_{i=1}^{3}\deg(u_i) \leqslant 18\binom{|M|}{2} + 9|M| + \sum_{i=1}^{3}|L_{u_i}(V(M), U_3)|$$

$$\leqslant 18\binom{|M|}{2} + 9|M| + 18|M|$$

$$= 9s^2 - 9.$$

令 $g_1(s) = 9s^2 - 6s - 6 - \left(3sn - \frac{3}{2}\varepsilon n^2\right)$ 和 $g_2(s) = 9s^2 - 9 - \left(3sn - \frac{3}{2}\varepsilon n^2\right)$. 不难验证 $g_1(s) \leqslant g_2(s)$. 由式 (3.47), 可知 $g_1(s) \geqslant 0$. 但是因为

$$g_2\left(\frac{n}{3} - \eta_2 n\right) = -3\eta_2 n^2 + 9\eta_2^2 n^2 + \frac{3}{2}\varepsilon n^2 - 9 < 0 \tag{3.55}$$

和

$$g_2\left(\frac{n}{13}\right) = -\frac{30}{169}n^2 + \frac{3}{2}\varepsilon n^2 - 9 < 0, \tag{3.56}$$

所以 $g_2(s) \leqslant \max\left\{g_2\left(\frac{n}{3} - \eta_2 n\right), g_2\left(\frac{n}{13}\right)\right\} < 0$, 矛盾.

不失一般性, 我们假设 u_1 与 v_1 相邻.

如果 $|M| = s-1$, 则有 $|U_3| = 3$. 因为 $s \leqslant n/3 - \eta_2 n$, 所以 $|W_2| = n - 3s \geqslant 3\eta_2 n$. 由断言 3.2.4 (i) 可知, 任意边 $e \in M_1$ 都满足

$$\sum_{i=1}^{2}|L_{u_i}(e, U_3 \cup W_2)| + |L_{v_1}(e, U_3 \cup W_2)| \leqslant 2(|U_3| + |W_2| - 1) + |U_3| + 4. \tag{3.57}$$

因此联立式 (3.54), 式(3.57) 和断言 3.2.5 (iii), 我们得到

$$\sum_{i=1}^{2} \deg(u_i) + \deg(v_1) \leqslant 18\binom{|M|}{2} + 9|M| + \sum_{i=1}^{2} |L_{u_i}(V(M_1), U_3 \cup W_2)| +$$

$$|L_{v_1}(V(M_1), U_3 \cup W_2)| + \sum_{i=1}^{2} |L_{u_i}(V(M_2), U_3)|$$

$$\leqslant 18\binom{|M|}{2} + 9|M| + |M_1|(2(|U_3| + |W_2| - 1) + |U_3| + 4) + 12|M_2|.$$

又因为 $|M_1| = 3s - |U|$, $|M_2| = |M| - |M_1| = |U| - 2s - 1$, $|U_3| = 3$ 和 $|W_2| = n - 3s$, 所以

$$\sum_{i=1}^{2} \deg(u_i) + \deg(v_1) \leqslant (-2n + 6s + 1)|U| + 6sn - 9s^2 - 9s - 3.$$

又知 $-2n + 6s + 1 < 0$ 和 $|U| \geqslant 2s$, 所以

$$\sum_{i=1}^{2} \deg(u_i) + \deg(v_1) \leqslant 2s(-2n + 6s + 1) + 6sn - 9s^2 - 9s - 3$$

$$= 2sn + 3s^2 - 7s - 3.$$

如果 $|M| \leqslant s - 2$, 则 $|U_3| = 3s - 3|M| \geqslant 6$. 如果 $|U_3| \geqslant 2|W_2| + 4$, 由 $|M| \leqslant s - 2$, $|U| \geqslant 2s$ 和式 (3.53), 我们可以得到

$$\sum_{i=1}^{2} \deg(u_i) + \deg(v_1) \leqslant 3|U|(s - 2) - 3s|U| + 2|U| + 9s^2 - 6s$$

$$= -4|U| + 9s^2 - 6s$$

$$\leqslant -4(2s) + 9s^2 - 6s = 9s^2 - 14s.$$

如果 $6 \leqslant |U_3| < 2|W_2| + 4$, 联立 $|M| \leqslant s - 2$, $|U| \geqslant 2s$, 式(3.54) 和断言 3.2.5 (ii), 我们可以得到

$$\sum_{i=1}^{2} \deg(u_i) + \deg(v_1) \leqslant 9s(s - 2) + (-2n + 6s - 2)(2s) + 6sn - 18s^2 + 6s$$

$$= 2sn + 3s^2 - 16s. \tag{3.58}$$

令

$$f_1(s) = 2sn + 3s^2 - 7s - 3 - \left(3sn - \frac{3}{2}\varepsilon n^2\right), \tag{3.59}$$

$$f_2(s) = 9s^2 - 14s - \left(3sn - \frac{3}{2}\varepsilon n^2\right), \tag{3.60}$$

$$f_3(s) = 2sn + 3s^2 - 16s - \left(3sn - \frac{3}{2}\varepsilon n^2\right). \tag{3.61}$$

易得 $f_2(s) \leqslant f_3(s) \leqslant f_1(s)$. 由式 (3.48), 可知 $f_2(s) \geqslant 0$. 但是因为

$$f_1\left(\frac{n}{3} - \eta_2 n\right) = \left(-\eta_2 + 3\eta_2^2 + \frac{3}{2}\varepsilon\right)n^2 + \left(-\frac{7}{3} + 7\eta_2\right)n - 3 < 0 \tag{3.62}$$

和

$$f_1\left(\frac{n}{13}\right) = \left(-\frac{10}{169} + \frac{3}{2}\varepsilon\right)n^2 - \frac{7}{13}n - 3 < 0, \tag{3.63}$$

所以 $f_1(s) \leqslant \max\left\{f_1\left(\frac{n}{3} - \eta_2 n\right), f_1\left(\frac{n}{13}\right)\right\} < 0$, 矛盾. $\square$

由断言 3.2.6 和断言 3.2.7, 我们有 $|M| > s - \eta_1 n > n/3 - \eta_2 n - \eta_1 n$. 因此 $|W_2| < n - 3|M| < 3(\eta_2 + \eta_1)n$.

令 $W_1' = \{v \in W_1 : \deg(v) \leqslant (5/18 + \rho_2)n^2\}$ 和 $M' = \{e \in M : e \cap W_1' \neq \varnothing\}$.

断言 3.2.8 $|W_1'| > \rho_1 n$.

证明　用反证法证明, 假设 $|W_1'| \leqslant \rho_1 n$. 我们从 U_3 中选择 $t\,(0 \leqslant t \leqslant 2)$ 个顶点, 将其放到 W_2 中使得得到的新的顶点集合, 记为 W_2', 满足 $|W_2'|$ 能被 3 整除. 令 $H' = H[V \setminus (V(M') \cup W_2')]$. 由 W_1' 的定义可知, 每一个顶点 $u \in V(H') \cap W_1$ 都满足 $\deg_H(u) > (5/18 + \rho_2)n^2$. 由断言 3.2.7 可知, 每一个顶点 $u \in V(H') \cap U$ 都满足 $\deg_H(u) > sn - 1/2\varepsilon n^2 > (5/18 + \rho_2)n^2$. 因此

$$\deg_{H'}(u) \geqslant \deg_H(u) - n(3|W_1'| + |W_2'|) > \left(\frac{5}{18} + \rho_2\right)n^2 - n\left(3|W_1'| + |W_2'|\right). \tag{3.64}$$

因为 $|W_1'| \leqslant \rho_1 n$, $|W_2'| \leqslant |W_2| + 2 < 3(\eta_2 + \eta_1)n + 2$, $0 < \eta_1 \ll \eta_2 \ll \rho_1 \ll \rho_2 \ll 1$ 和 n 充分大, 所以

$$\deg_{H'}(u) > \left(\frac{5}{18} + \rho_2\right)n^2 - 3(\rho_1 + \eta_1 + \eta_2)n^2 - 2n > \binom{n-1}{2} - \binom{2n/3}{2} + 1. \tag{3.65}$$

又知道 n 和 $|W_2'|$ 都能被 3 整除, 所以 $|V(H')|$ 也能被 3 整除. 由定理 3.0.3 可知 H' 包含一个完美匹配, 记为 M''. 此时我们得到了 H 的一个大小为 s 的匹配: $M' \cup M''$, 矛盾. $\square$

由断言 3.2.8, 可知 $|W_1'| > \rho_1 n$. 如果 u_1, u_2, u_3 中有一个顶点, 不妨设为 u_1, 与 W_1' 中的顶点相邻, 由 W_1' 的定义可得 $\deg(u_1) > (2sn - \varepsilon n^2) - \left(\frac{5}{18} + \rho_2\right)n^2$. 我们又知道 $\deg(u_i) \geqslant (sn - \frac{1}{2}\varepsilon n^2)$, $i = 2, 3$, 因此

$$\sum_{i=1}^{3} \deg(u_i) > (4sn - 2\varepsilon n^2) - \left(\frac{5}{18} + \rho_2\right)n^2. \tag{3.66}$$

对于任意边 $e \in M$, 显然有 $\sum_{i=1}^{3} |L_{u_i}(e, U_3 \cup W_2)| \leqslant 9(n - 3|M| - 1)$. 因此

$$\sum_{i=1}^{3} \deg(u_i) \leqslant 18 \binom{|M|}{2} + 9|M| + 9|M|(n - 3|M| - 1)$$

$$= -18 \left(|M| - \frac{1}{4}n + \frac{1}{4}\right)^2 + \frac{9}{8}n^2 - \frac{9}{4}n + \frac{9}{8}. \tag{3.67}$$

因为 $|M| > s - \eta_1 n > n/3 - \eta_2 n - \eta_1 n > \frac{1}{4}n - \frac{1}{4}$, 所以

$$\sum_{i=1}^{3} \deg(u_i) \leqslant -18 \left(s - \eta_1 n - \frac{1}{4}n + \frac{1}{4}\right)^2 + \frac{9}{8}n^2 - \frac{9}{4}n + \frac{9}{8}$$

$$= -18s^2 + (36\eta_1 n + 9n - 9)\, s - 18\eta_1^2 n^2 - 9\eta_1 n^2 + 9\eta_1 n. \tag{3.68}$$

令

$$f(s) = -18s^2 + (36\eta_1 n + 9n - 9)\, s - 18\eta_1^2 n^2 - 9\eta_1 n^2 + 9\eta_1 n - \left(\left(4sn - 2\varepsilon n^2\right) - \left(\frac{5}{18} + \rho_2\right)n^2\right).$$

由式 (3.66), 可知 $f(s) \geqslant 0$. 但是因为 $s > n/3 - \eta_2 n$ 和 $0 < \varepsilon \ll \eta_1 \ll \eta_2 \ll \rho_2 \ll 1$, 所以

$$f(s) = -18 \left(s - \eta_1 n - \frac{5}{36}n + \frac{1}{4}\right)^2 - 4\eta_1 n^2 + 2\varepsilon n^2 + \frac{5}{8}n^2 + \rho_2 n^2 - \frac{5}{4}n + \frac{9}{8}$$

$$\leqslant -18 \left(\frac{1}{3}n - \eta_2 n - \eta_1 n - \frac{5}{36}n + \frac{1}{4}\right)^2 - 4\eta_1 n^2 + 2\varepsilon n^2 + \frac{5}{8}n^2 + \rho_2 n^2 - \frac{5}{4}n + \frac{9}{8}$$

$$= \left(-\frac{1}{18} - 18\eta_1^2 + 3\eta_1 - 36\eta_1\eta_2 + 7\eta_2 - 18\eta_2^2 + 2\varepsilon + \rho_2\right)n^2 + (9\eta_1 - 3 + 9\eta_2)\, n$$

$$< 0,$$

矛盾.

如果 u_1, u_2, u_3 中没有顶点与 W_1' 中的顶点相邻, 则有

$$\sum_{i=1}^{3} \deg(u_i) \leqslant 18 \binom{|M| - |M'|}{2} + 9(|M| - |M'|) + 9(|M| - |M'|)(n - 3|M| - 1) +$$

$$3 \binom{2|M'|}{2} + 3 \cdot 2|M'|(n - 3|M'| - 1)$$

$$= -3 \left(|M'| + \frac{1}{2}n - \frac{3}{2}|M|\right)^2 - \frac{45}{4}|M'|^2 + \frac{9}{2}n|M| - 9|M| + \frac{3}{4}n^2.$$

因为 $-n/2 + 3|M|/2 < 0$ 和 $|M'| = |W_1'| \geqslant \rho_1 n$, 所以

$$\sum_{i=1}^{3} \deg(u_i) \leqslant -3 \left(\rho_1 n + \frac{1}{2}n - \frac{3}{2}|M|\right)^2 - \frac{45}{4}|M|^2 + \frac{9}{2}n|M| - 9|M| + \frac{3}{4}n^2$$

$$= -18\left(|M| - \frac{1}{4}\rho_1 n - \frac{1}{4}n + \frac{1}{4}\right)^2 - \frac{15}{8}\rho_1^2 n^2 - \frac{3}{4}\rho_1 n^2 + \frac{9}{8}n^2 - \frac{9}{4}\rho_1 n - \frac{9}{4}n + \frac{9}{8}.$$

注意到 $|M| > n/3 - \eta_2 n - \eta_1 n > \frac{1}{4}\rho_1 n + \frac{1}{4}n - \frac{1}{4}$, 因此

$$\sum_{i=1}^{3}\deg(u_i) \leqslant -18\left(\frac{1}{3}n - \eta_2 n - \eta_1 n - \frac{1}{4}\rho_1 n - \frac{1}{4}n + \frac{1}{4}\right)^2 - \frac{15}{8}\rho_1^2 n^2 - \frac{3}{4}\rho_1 n^2 +$$

$$\frac{9}{8}n^2 - \frac{9}{4}\rho_1 n - \frac{9}{4}n + \frac{9}{8}$$

$$= \left(1 - 3\rho_1^2 - 18\eta_1^2 - 36\eta_1\eta_2 - 9\eta_1\rho_1 - 18\eta_2^2 - 9\eta_2\rho_1 + 3\eta_1 + 3\eta_2\right)n^2 +$$

$$(9\eta_1 + 9\eta_2 - 3)\, n. \tag{3.69}$$

但是由 $s > n/3 - \eta_2 n$ 可知 $\sum_{i=1}^{3}\deg(u_i) \geqslant 3\left(sn - \frac{1}{2}\varepsilon n^2\right) \geqslant \left(1 - 3\eta_2 - \frac{3}{2}\varepsilon\right)n^2$. 由我们的假设 $0 < \varepsilon \ll \eta_1 \ll \eta_2 \ll \rho_1 \ll 1$ 和 n 充分大, 可以推出 $\sum_{i=1}^{3}\deg(u_i)$ 的上界小于下界, 矛盾.

情形 2: $2s \leqslant |U| \leqslant 3s$ 和 $|M_1| > 3s - |U|$ 或者 $|U| \geqslant 3s + 1$.

在这种情形下, 我们有 $|U_3| \geqslant 4$. 因为 $|M| \leqslant s - 1 \leqslant n/3 - 2$, 所以 $|U_3| + |W_2| \geqslant 6$.

断言 3.2.9　对任意的 $e \in M_1$, 有下面的结论成立:

(i) $\sum_{i=1}^{3}|L_{u_i}(e, U_3 \cup W_2)| \leqslant 3(|U_3| + |W_2| + 1)$;

(ii) $\sum_{i=1}^{2}|L_{u_i}(e, W_2)| \leqslant 2(|W_2| + 2)$, 当 $|W_2| \geqslant 2$ 时.

证明　假设 $e = \{v_1', u_2', u_3'\} \in M_1$, 其中 $v_1' \in W_1$, $u_2', u_3' \in U_1$.

(i) 取 $V = U_3 \cup W_2$, $E(G_1) = L_{v_1'}(U_3 \cup W_2)$ 和 $E(G_i) = L_{u_i'}(U_3 \cup W_2)$, $i = 2, 3$. 由引理 1.5.3 和 M 的选择, 易得结论成立.

(ii) 取 $V = W_2 \cup \{u_1, u_2\}$ 和 $E(G_i) = L_{u_i'}(W_2 \cup \{u_1, u_2\})$, $i = 2, 3$. 由引理 1.5.5 和 M 的选择, 易得结论成立.　□

断言 3.2.10　如果 $|U_3| \geqslant 4$, 则任意边 $e \in M_2$ 满足

$$\sum_{i=1}^{3}|L_{u_i}(e, U_3 \cup W_2)| = \sum_{i=1}^{3}|L_{u_i}(e, U_3)| \leqslant 3(|U_3| + 2).$$

证明　假设 $e = \{u_1', u_2', u_3'\} \in M_2$, 其中 $u_1', u_2', u_3' \in U_2$. 由 M 的选择, 可知

$$\sum_{i=1}^{3}|L_{u_i}(e, U_3 \cup W_2)| = \sum_{i=1}^{3}|L_{u_i}(e, U_3)|.$$

如果 $|U_3| \geqslant 5$, 令 $V = U_3$; 如果 $|U_3| = 4$, 令 $V = U_3 \cup \{w_1\}$. 设 $E(G_i) = L_{u_i'}(U_3)$ (或者 $E(G_i) = L_{u_i'}(U_3 \cup \{w_1\})$), $i = 1, 2, 3$. 由引理 1.5.3 和 M 的选择, 易得结论成立.　□

断言 3.2.11 如果 $|U_3| \geqslant 4$, 则对于任意的 $e \in M$, 有 $\sum_{i=1}^{2} |L_{u_i}(e, U_3)| + |L_{v_1}(e, U_3)| \leqslant 3(|U_3| + 2)$ 和 $\sum_{i=1}^{3} |L_{u_i}(e, U_3)| \leqslant 3(|U_3| + 2)$ 成立.

证明 假设 $e = \{u_1', u_2', u_3'\} \in M$. 令 $V = U_3 \cup \{v_1\}$ 和 $E(G_i) = L_{u_i'}(U_3 \cup \{v_1\})$, $i = 1, 2, 3$, 则由引理 1.5.3 和 M 的选择, 易得结论成立. □

由断言 3.2.3, 断言 3.2.9 (i) 和断言 3.2.10, 我们得到

$$\sum_{i=1}^{3} \deg(u_i) \leqslant 18 \binom{|M|}{2} + 9|M| + \sum_{i=1}^{3} |L_{u_i}(V(M_1), U_3 \cup W_2)| +$$

$$\sum_{i=1}^{3} |L_{u_i}(V(M_2), U_3 \cup W_2)|$$

$$\leqslant 18 \binom{|M|}{2} + 9|M| + 3|M_1|(|U_3| + |W_2| + 1) + 3|M_2|(|U_3| + 2)$$

$$\leqslant 18 \binom{|M|}{2} + 9|M| + 3|M|(|U_3| + |W_2| + 1) + 3|M_2| - 3|M_2||W_2|$$

$$= (3n + 3)|M| + 3|M_2| - 3|M_2||W_2|. \tag{3.70}$$

我们分下面三种情形证明.

情形 2.1: $|M_2||W_2| > \eta_1 n^2$ 和 $|M| \leqslant s - 1$ 或者 $|M_2||W_2| \leqslant \eta_1 n^2$ 和 $|M| \leqslant s - \eta_1 n$.

当 $|M_2||W_2| > \eta_1 n^2$ 和 $|M| \leqslant s - 1$ 时, 由式 (3.70) 可以得到

$$\sum_{i=1}^{3} \deg(u_i) \leqslant (3n + 3)(s - 1) + 3(s - 1) - 3\eta_1 n^2 = 3sn - 3\eta_1 n^2 - 3n + 6s - 6, \tag{3.71}$$

因为 $0 < \varepsilon \ll \eta_1 \ll 1$, 所以不等式 (3.71) 与式 (3.47) 相矛盾.

当 $|M_2||W_2| \leqslant \eta_1 n^2$ 和 $|M| \leqslant s - \eta_1 n$ 时, 由式 (3.70) 可以得到

$$\sum_{i=1}^{3} \deg(u_i) \leqslant (3n + 3)(s - \eta_1 n) + 3(s - 1) = 3sn - 3\eta_1 n^2 - 3\eta_1 n + 6s - 3, \tag{3.72}$$

因为 $0 < \varepsilon \ll \eta_1 \ll 1$, 所以不等式 (3.72) 与式 (3.47) 相矛盾.

情形 2.2: $|M_2||W_2| \leqslant \eta_1 n^2$, $|M| > s - \eta_1 n$ 和 $|W_2| < \eta_2 n$.

令 $W_1' = \{v \in W_1 : \deg(v) \leqslant sn - \frac{1}{2}s^2 + \tau n^2\}$ 和 $M' = \{e \in M : e \cap W_1' \neq \varnothing\}$.

断言 3.2.12 $|W_1'| > \rho_1 n$.

证明 假设 $|W_1'| \leqslant \rho_1 n$. 我们从 U_3 中选择 t $(0 \leqslant t \leqslant 2)$ 个顶点, 将其放到 W_2 中得到 W_2', 使得 $|W_2'|$ 能被 3 整除. 注意到 $n - |W_2'| \geqslant 3s$. 令 $H' = H[V \setminus (V(M') \cup W_2')]$. 对每个顶点 $u \in V(H')$, 我们断言

$$\deg_{H'}(u) > \binom{n-3|W_1'|-|W_2'|-1}{2} - \binom{n-3|W_1'|-|W_2'|-(s-|W_1'|)}{2}. \tag{3.73}$$

的确如此, 从 W_1' 的定义, 我们知道每一个顶点 $u \in V(H') \cap W_1$ 都满足 $\deg_H(u) > sn - \frac{1}{2}s^2 + \tau n^2$. 另外, 每一个顶点 $u \in V(H') \cap W_1 \cap U$ 都满足 $\deg_H(u) > sn - 1/2\varepsilon n^2 > sn - \frac{1}{2}s^2 + \tau n^2$. 因此

$$\deg_{H'}(u) \geqslant \deg_H(u) - n(3|W_1'|+|W_2'|) > sn - \frac{1}{2}s^2 + \tau n^2 - n\left(3|W_1'|+|W_2'|\right). \tag{3.74}$$

因为 $|W_2'| < \eta_2 n + 2$, $|W_1'| \leqslant \rho_1 n$, $0 < \eta_2 \ll \rho_1 \ll \tau \ll 1$ 和 n 充分大, 所以

$$\begin{aligned}
&\left(sn - \frac{1}{2}s^2 + \tau n^2 - n\left(3|W_1'|+|W_2'|\right)\right) - \\
&\left(\binom{n-3|W_1'|-|W_2'|-1}{2} - \binom{n-3|W_1'|-|W_2'|-(s-|W_1'|)}{2}\right)\right) \\
\geqslant\;& \left(sn - \frac{1}{2}s^2 + \tau n^2 - 4\rho_1 n^2\right) - \left(\binom{n-1}{2} - \binom{n-s-3\rho_1 n}{2}\right) \\
=\;& \left(3\rho_1 n + \frac{1}{2}\right)s + \tau n^2 - 7\rho_1 n^2 + n - 1 + \frac{9}{2}n^2\rho_1^2 + \frac{3}{2}\rho_1 n \\
\geqslant\;& \left(5\rho_1 n + \frac{1}{2}\right)\frac{n}{13} + \tau n^2 - 9\rho_1 n^2 + n - 1 + \frac{25}{2}n^2\rho_1^2 + \frac{5}{2}\rho_1 n \\
=\;& \left(-\frac{88}{13}\rho_1 + \tau + \frac{9}{2}\rho_1^2\right)n^2 + \left(\frac{27}{26} + \frac{3}{2}\rho_1\right)n - 1 > 0.
\end{aligned}$$

又 n 和 $|W_2'|$ 能被 3 整除, 所以 $|V(H')|$ 也能被 3 整除. 进一步有 $n - 3|W_1'| - |W_2'| \geqslant 3(s - |W_1'|)$. 由定理 3.0.3 可知 H' 包含一个大小为 $(s - |W'|)$ 的匹配 M''. 此时我们得到了 H 的一个大小为 s 的匹配 $M' \cup M''$, 矛盾. $\qquad\square$

如果 u_1, u_2, u_3 中有一个顶点, 不妨设为 u_1, 与 W_1' 中的顶点相邻, 由 W_1' 的定义, 可知 $\deg(u_1) > (2sn - \varepsilon n^2) - (sn - \frac{1}{2}s^2 + \tau n^2)$. 又知 $\deg(u_i) \geqslant (sn - \frac{1}{2}\varepsilon n^2)$, $i = 2, 3$, 所以

$$\sum_{i=1}^{3} \deg(u_i) > \left(4sn - 2\varepsilon n^2\right) - \left(sn - \frac{1}{2}s^2 + \tau n^2\right). \tag{3.75}$$

由式 (3.70) 我们得到

$$\sum_{i=1}^{3} \deg(u_i) \leqslant (3n+3)|M| + 3|M_2| - 3|M_2||W_2| \leqslant (3n+6)|M| \leqslant (3n+6)(s-1).$$

令

$$f(s) = (3n+6)(s-1) - \left(\left(4sn - 2\varepsilon n^2\right) - \left(sn - \frac{1}{2}s^2 + \tau n^2\right)\right).$$

由式 (3.75), 可知 $f(s) \geqslant 0$. 但是因为 $0 < \varepsilon \ll \tau \ll 1$, $s \geqslant \frac{n}{13}$ 和 n 充分大, 所以

$$f(s) = -\frac{1}{2}(s-6)^2 + \tau n^2 + 2\varepsilon n^2 - 3n + 12 < 0,$$

矛盾.

如果 u_1, u_2, u_3 中没有顶点与 W_1' 的顶点相邻, 则对于 M' 中任意两条不同边 e_1, e_2, 我们有

$$\sum_{i=1}^{3} |L_{u_i}(e_1, e_2)| \leqslant 12. \tag{3.76}$$

由断言 3.2.3, 断言 3.2.9 (i), 断言 3.2.12 和不等式 (3.76), 我们有

$$\begin{aligned} \sum_{i=1}^{3} \deg(u_i) &\leqslant 18\binom{|M|}{2} - 6\binom{|M'|}{2} + 9|M| + 3|M|(n-3|M|+1) \\ &\leqslant (3n+3)|M| - 6\binom{|M'|}{2} \\ &\leqslant (3n+3)(s-1) - 6\binom{\rho_1 n}{2} \\ &= 3sn - 3\rho_1^2 n^2 + 3\rho_1 n - 3n + 3s - 3, \end{aligned} \tag{3.77}$$

因为 $0 < \varepsilon \ll \rho_1 \ll 1$, 所以不等式 (3.77) 与式 (3.47) 相矛盾.

情形 2.3: $|M_2||W_2| \leqslant \eta_1 n^2$, $|M| > s - \eta_1 n$ 和 $|W_2| \geqslant \eta_2 n$.

在这种情形下, 我们有 $|M||W_2| > \eta_2 n(s - \eta_1 n) = \eta_2 sn - \eta_1 \eta_2 n^2$. 因为 $|M_2||W_2| \leqslant \eta_1 n^2$, $|W_2| \geqslant \eta_2 n$ 和 $0 < \eta_1 \ll \eta_2 \ll 1$, 所以 $|M_2| \leqslant \eta_2 n$. 进一步 $|M_1| = |M| - |M_2| \geqslant s - \eta_1 n - \eta_2 n$. 如果 u_1, u_2, u_3 与 W_2 中任何顶点都不相邻, 则由断言 3.2.3 和断言 3.2.11 可得

$$\begin{aligned} \sum_{i=1}^{3} \deg(u_i) &\leqslant 18\binom{|M|}{2} + 9|M| + \sum_{i=1}^{3} |L_{u_i}(V(M), U_3)| \\ &\leqslant 18\binom{|M|}{2} + 9|M| + 3|M|(|U_3| + 2) \\ &= 18\binom{|M|}{2} + 9|M| + 3|M|(n - 3|M| - |W_2| + 2) \\ &= 3(n+2)|M| - 3|M||W_2| \\ &\leqslant 3(n+2)(s-1) - 3(\eta_2 sn - \eta_1 \eta_2 n^2). \end{aligned}$$

令 $f(s) = 3(n+2)(s-1) - 3(\eta_2 sn - \eta_1 \eta_2 n^2) - \left(3sn - \frac{3}{2}\varepsilon n^2\right)$. 由式 (3.47) 可知 $f(s) \geqslant 0$.

但是

$$f(s) = (-3\eta_2 n + 6)s - 3n - 6 + 3\eta_1\eta_2 n^2 + \frac{3}{2}\varepsilon n^2$$

$$\leqslant \frac{1}{13}n(-3\eta_2 n + 6) - 3n - 6 + 3\eta_1\eta_2 n^2 + \frac{3}{2}\varepsilon n^2$$

$$= \left(-\frac{3}{13}\eta_2 + 3\eta_1\eta_2 + \frac{3}{2}\varepsilon\right)n^2 - \frac{33}{13}n - 6$$

$$< 0,$$

矛盾.

不失一般性, 我们假设 u_1 和 v_1 相邻. 由断言 3.2.3, 断言 3.2.9 (ii) 和断言 3.2.11, 我们得到

$$\sum\nolimits_{i=1}^{2} \deg(u_i) + \deg(v_1) \leqslant 18\binom{|M|}{2} + 9|M| + \sum\nolimits_{i=1}^{2}|L_{u_i}(V(M), U_3)| + |L_{v_1}(V(M), U_3)| +$$

$$\sum\nolimits_{i=1}^{2}|L_{u_i}(V(M_1), W_2)|$$

$$\leqslant 18\binom{|M|}{2} + 9|M| + 3|M|(|U_3| + 2) + 2|M_1|(|W_2| + 2)$$

$$\leqslant 18\binom{|M|}{2} + 9|M| + 3|M|(|U_3| + |W_2| + 4) - |M_1|(|W_2| + 2).$$

注意到 $|M| \leqslant s - 1$, $|U_3| + |W_2| = n - 3|M|$, $|M_1| \geqslant s - \eta_1 n - \eta_2 n$ 和 $|W_2| \geqslant \eta_2 n$, 所以

$$\sum\nolimits_{i=1}^{2} \deg(u_i) + \deg(v_1) \leqslant 3(n+4)|M| - |M_1|(|W_2| + 2)$$

$$\leqslant 3(n+4)(s-1) - (\eta_2 n + 2)(s - \eta_1 n - \eta_2 n).$$

令

$$f(s) = 3(n+4)(s-1) - (\eta_2 n + 2)(s - \eta_1 n - \eta_2 n) - \left(3sn - \frac{3}{2}\varepsilon n^2\right).$$

由式 (3.48) 可知 $f(s) \geqslant 0$. 但是

$$f(s) = (-\eta_2 n + 10)s - 3n - 12 + \eta_1\eta_2 n^2 + \eta_2^2 n^2 + \frac{3}{2}\varepsilon n^2 + 2\eta_1 n + 2\eta_2 n$$

$$\leqslant \frac{n}{13}(-\eta_2 n + 10) - 3n - 12 + \eta_1\eta_2 n^2 + \eta_2^2 n^2 + \frac{3}{2}\varepsilon n^2 + 2\eta_1 n + 2\eta_2 n$$

$$= \left(-\frac{1}{13}\eta_2 + \eta_1\eta_2 + \eta_2^2 + \frac{3}{2}\varepsilon\right)n^2 + \left(-\frac{29}{13} + 2\eta_1 + 2\eta_2\right)n - 12$$

$$< 0,$$

矛盾, 证毕.

3.3 讨论与小结

在定理 3.0.1 中, 超图 H 不包含孤立顶点. 下面我们允许 3 一致超图包含孤立顶点. 不难得到 $\sigma_2'(H_{n,3,s}^2) \geqslant \sigma_2'(H_{n,3,s}^3)$ 当且仅当 $s \leqslant (2n+4)/9$. 实际上定理 3.0.1 隐含下面的定理.

定理 3.3.1 存在 $n_2 \in \mathbb{N}$ 使得下面的结论成立: 假设 H 是一个阶为 $n \geqslant n_2$ 的 3 一致超图且满足 $2 \leqslant s \leqslant n/3$, 如果 $\sigma_2'(H) > \sigma_2'(H_{n,3,s}^2)$, $s \leqslant (2n+4)/9$ 或者 $\sigma_2'(H) > \sigma_2'(H_{n,3,s}^3)$, $s > (2n+4)/9$, 则 H 包含一个大小为 s 的匹配.

证明 取 $n_2 = \max\left\{ \binom{n_1}{2}, \frac{3}{2}n_1 \right\}$. 令 H 是一个阶为 $n \geqslant n_2$ 的 3 一致超图且满足定理 3.3.1 的假设. 如果 H 不包含孤立顶点, 则由定理 3.0.1, 可得 H 包含一个大小为 s 的匹配. 否则令 W 是 H 中所有孤立顶点组成的集合. 令 $H' = H[V(H) \setminus W']$ 和 $n' = n - |W|$, 则 H' 是一个没有孤立顶点的 3 一致超图且满足 $\sigma_2'(H') = \sigma_2'(H)$. 当 $2 \leqslant s \leqslant (2n+4)/9$ 时, 我们有 $\sigma_2'(H') > \sigma_2'(H_{n,3,s}^2) > \sigma_2'(H_{n',3,s}^2)$. 另外, 因为 $n \geqslant \binom{n_1}{2}$ 和

$$2\binom{n'-1}{2} \geqslant \sigma_2'(H') > (2s-2)(n-1) \geqslant 2(n-1),$$

所以 $n' \geqslant n_1$. 当 $s > (2n+4)/9$ 时, 我们有 $\sigma_2'(H') > \sigma_2'(H_{n,3,s}^3) > \sigma_2'(H_{n,3,s}^2) > \sigma_2'(H_{n',3,s}^2)$. 因为 $n \geqslant 3n_1/2$ 和

$$2\binom{n'-1}{2} \geqslant \sigma_2'(H') > 2\binom{3s-2}{2} > 2\binom{2(n-1)/3}{2},$$

所以 $n' \geqslant n_1$. 对于上面两种情形, 都可以由定理 3.0.1 推出 H' 包含一个大小为 s 的匹配. $\square$

有一个很自然的问题是, 本章的结果能推广到 $k(\geqslant 4)$ 一致超图吗?

我们知道 $H_{n,k,s}^k$ 是顶点个数为 $sk-1$ 的完全 k 一致超图和 $n - sk + 1$ 个孤立顶点的并, 所以 $\sigma_2'(H_{n,k,s}^k) = 2\binom{sk-2}{k-1}$. 当 $1 \leqslant \ell \leqslant k-2$ 时, $H_{n,k,s}^\ell$ 的任意两个顶点都是相邻的, 因此 $\sigma_2'(H_{n,k,s}^\ell) = 2\delta_1(H_{n,k,s}^\ell)$. 当 $\ell = k-1$ 时, 易得

$$\sigma_2'(H_{n,k,s}^{k-1}) = 2\binom{s(k-1)-2}{k-1} + (n - s(k-1) + 2)\binom{s(k-1)-2}{k-2}.$$

考虑 $s = n/k$. 我们知道 $H_{n,k,n/k}^k$ 包含孤立顶点, 且当 $1 \leqslant \ell \leqslant k-2$ 时, 有

$$\delta_1(H_{n,k,n/k}^\ell) \leqslant \delta_1(H_{n,k,n/k}^1)$$

成立. 我们不讨论 k 一致超图存在孤立顶点的情形, 所以我们只需要比较 $\sigma_2'(H_{n,k,n/k}^1)$ 和 $\sigma_2'(H_{n,k,n/k}^{k-1})$ 的大小. 假设 n 充分大, 易证当 $k \leqslant 6$ 时, $\sigma_2'(H_{n,k,n/k}^1) < \sigma_2'(H_{n,k,n/k}^{k-1})$; 当 $k \geqslant 7$ 时, $\sigma_2'(H_{n,k,n/k}^1) > \sigma_2'(H_{n,k,n/k}^{k-1})$. 我们有下面的猜想.

猜想 3.3.1　对于任意充分大且能被 k 整除的 n, 下面结论是不是正确? 假设 H 是一个没有孤立顶点, 阶为 n 的 k 一致超图, 如果 $k \leqslant 6$, $\sigma_2'(H) > \sigma_2'(H_{n,k,n/k}^{k-1})$ 或者 $k \geqslant 7$, $\sigma_2'(H) > \sigma_2'(H_{n,k,n/k}^1)$, 则 H 包含一个完美匹配.

第 4 章　k 一致超图匹配存在的 Ore 条件研究

本章研究 k 一致超图匹配的存在性. 在第 4.1 节, 我们讨论两个相邻顶点的度和与匹配存在之间的关系; 在第 4.2 节, 我们讨论两个独立 $k-1$ 顶点子集的度和与匹配存在之间的关系.

4.1　两个相邻顶点的度和

1976 年, Bollobás, Daykin 和 Erdós 在文献 [30] 中得到了下面的定理.

定理 4.1.1　给定整数 k, s 和 $n > 2k^3(s+1)$, 如果阶为 n 的 k 一致超图 H 满足 $\delta_1(H) > \binom{n-1}{k-1} - \binom{n-s}{k-1}$, 则 H 包含一个大小为 s 的匹配.

一个很自然的问题是: 如果把定理 4.1.1 中的条件 $\delta_1(H) > \binom{n-1}{k-1} - \binom{n-s}{k-1}$ 换成条件 $\sigma_2''(H) > 2\left(\binom{n-1}{k-1} - \binom{n-s}{k-1}\right)$, 结论是否仍然成立? 下面的超图给了我们一个否定的答案: 包含一个固定顶点的所有 k 元子集组成的超图满足任意两个顶点都是相邻的, 但是该超图不包含一个大小为 2 的匹配.

另一个很自然的问题是: 如果把定理 4.1.1 中的条件 $\delta_1(H) > \binom{n-1}{k-1} - \binom{n-s}{k-1}$ 换成条件 $\sigma_2'(H) > 2\left(\binom{n-1}{k-1} - \binom{n-s}{k-1}\right)$, 结论是否仍然成立? 超图 $H_{n,3,s}^1$ 给了我们一个否定的答案, 因为 $\sigma_2'(H_{n,3,s}^1) = (2s-2)(n-1) > 2\left(\binom{n-1}{k-1} - \binom{n-s}{k-1}\right)$ 且 $H_{n,3,s}^1$ 不包含一个大小为 s 的匹配. 但是我们可以得到下面的结果.

定理 4.1.2　给定整数 k, s 和 $n > 2k^3(s+1)$, 如果阶为 n 的 k 一致超图 H 满足 $\sigma_2'(H) > 2\left(\binom{n-1}{k-1} - \binom{n-s}{k-1}\right)$ 且有 $\left|\left\{u\,|\,d_H(u) \leqslant \binom{n-1}{k-1} - \binom{n-s}{k-1}\right\}\right| \leqslant k-1$, 则 H 包含一个大小为 s 的匹配.

准备工作:

在下面的证明过程中, 我们需要两个不等式:

$$\binom{m}{s} - \binom{m-l}{s} \geqslant l\binom{m-l}{s-1}, \tag{4.1}$$

$$\left(1 - \frac{l}{m-s}\right)^s \geqslant 1 - \frac{sl}{m-s}, \quad 0 \leqslant s < m-l \leqslant m. \tag{4.2}$$

另外, 我们也需要下面的引理.

引理 4.1.1 [30] 假设 $H = (V, E)$ 是一个阶为 n 且不包含大小为 $s+1$ 的匹配的 k 一致超图.

(i) 如果 $u \in V$ 且 $H - u$ 包含一个大小为 s 的匹配, 则

$$d_H(u) \leqslant \binom{n-1}{k-1} - \binom{n-1-sk}{k-1} \leqslant sk\binom{n-2}{k-2}. \tag{4.3}$$

(ii) H 中存在一个顶点 u_0 满足

$$d_H(u_0) \geqslant \frac{|E|}{ks}. \tag{4.4}$$

令 W_1, W_2 是 n 个顶点的划分且满足 $|W_1| = s$. 我们用 $E_k(n, s)$ 表示这样一个 k 一致超图: 其顶点集为 $W_1 \cup W_2$, 边集合由所有包含 W_1 中至少一个顶点的 k 元子集构成. 我们首先证明一个引理.

引理 4.1.2 给定 $k \geqslant 2$, $s \geqslant 1$, 令 $H = (V, E)$ 是一个 k 一致超图, 其中 $|V| = n > 2k^3(s+2)$. 记 $m(n, s, k) = \left[\binom{n-1}{k-1} - \binom{n-s}{k-1} + \frac{k^3}{n-s+1}\binom{n-s-1}{k-2} \right]$. 假设 H 不包含一个大小为 $s+1$ 的匹配. 如果 $|\{u | d_H(u) \leqslant m(n, s, k)\}| \leqslant k-1$ 且 H 中任意两个相邻的顶点 u 和 v 满足 $d_H(u) + d_H(v) > 2m(n, s, k)$, 则 $H \subseteq E_k(n, s)$.

证明 令 $V_0 = \{u | d_H(u) \leqslant m(n, s, k)\}$, 则 V_0 中的任意两个顶点 u 和 v 都不相邻. 我们有下面的断言.

断言 4.1.1 令 u_1, u_2 是 V_0 中两个不同的顶点, 存在另外两个不同的顶点 $u_1', u_2' \in V(H) \setminus V_0$ 满足 u_i' 与 u_i 相邻, $i = 1, 2$.

证明 令 V_1 是与 V_0 中至少一个顶点相邻的所有顶点的集合, 则 $V_0 \cap V_1 = \varnothing$. 因为 $|V_0| \leqslant k-1$ 且 H 是 k 一致的, 所以断言显然成立. $\square$

令 V_0' 是在断言 4.1.1 中与 V_0 中的顶点相对应的顶点组成的集合. 由断言 4.1.1, 可知 $|V_0| = |V_0'|$. 注意到每一个顶点 $u \in V_0$ 满足 $d_H(u) + d_H(u') > 2m(n, s, k)$, 其中 $u' \in V_0'$.

由引理 4.1.1 (ii) 可知, H 中存在一个顶点 u_0 满足 $d_H(u_0) \geqslant \frac{|E|}{sk}$. 注意到

$$
\begin{aligned}
|E| &= \frac{\sum_{v \in V} d_H(v)}{k} = \frac{\sum_{v \in V_0} d_H(v) + \sum_{v \in V_0'} d_H(v) + \sum_{v \in V - V_0 - V_0'} d_H(v)}{k} \\
&= \frac{\sum_{v \in V_0} (d_H(v) + d_H(v')) + \sum_{v \in V - V_0 - V_0'} d_H(v)}{k} \\
&> \frac{\sum_{v \in V_0} 2m(n, s, k) + \sum_{v \in V - V_0 - V_0'} m(n, s, k)}{k}
\end{aligned}
$$

$$= \frac{nm(n,s,k)}{k}, \tag{4.5}$$

因此 $d_H(u_0) > \frac{nm(n,s,k)}{sk^2}$.

现在我们对 s 进行归纳. 首先假设 $s = 1$, 则有

$$d_H(u_0) > \frac{n}{k^2} \cdot \frac{k^3}{n} \binom{n-2}{k-2} = k \binom{n-2}{k-2}. \tag{4.6}$$

如果 $H - u_0$ 包含一条边, 则由引理 4.1.1 (i) 可知: $d_H(u_0) \leqslant k\binom{n-2}{k-2}$, 与式 (4.6) 相矛盾, 所以 $H - u_0$ 不包含一条边, 其隐含着 $H \subseteq E_k(n,1)$.

现在假设 $s \geqslant 2$ 且对于小于 s 的整数结论成立.

注意到存在顶点 $u_0 \in V(H)$ 满足 $d_H(u_0) > \frac{nm(n,s,k)}{sk^2}$. 令 $H' = H - u_0$. 对于任意两个相邻的顶点 $u, v \in V(H')$, 有下面式子成立:

$$d_{H'}(u) + d_{H'}(v) \geqslant d_H(u) + d_H(v) - 2\binom{n-2}{k-2}$$

$$> 2m(n,s,k) - 2\binom{n-2}{k-2}$$

$$= 2\left[\binom{n-1}{k-1} - \binom{n-s}{k-1} + \frac{k^3}{n-s+1}\binom{n-s-1}{k-2} \right] - 2\binom{n-2}{k-2}$$

$$= 2\left[\binom{n-2}{k-1} - \binom{(n-1)-(s-1)}{k-1} + \right.$$

$$\left. \frac{k^3}{(n-1)-(s-1)+1}\binom{(n-1)-(s-1)-1}{k-2} \right]$$

$$= 2m(n-1,s-1,k). \tag{4.7}$$

令 $V_0' = \{u \mid d_{H'}(u) \leqslant m(n-1,s-1,k)\}$. 任意顶点 $u \in V_0'$ 都满足

$$d_H(u) \leqslant d_{H'}(u) + \binom{n-2}{k-2} \leqslant m(n-1,s-1,k) + \binom{n-2}{k-2} = m(n,s,k), \tag{4.8}$$

因此 $|V_0'| \leqslant |V_0| \leqslant k - 1$.

如果 H' 不包含一个大小为 s 的匹配, 则由归纳可得 $H' \subseteq E_k(n-1, s-1)$, 所以 $H \subseteq E_k(n,s)$.

如果 H' 包含一个大小为 s 的匹配, 则由引理 4.1.1 (i) 可得 $d_H(u_0) \leqslant sk\binom{n-2}{k-2}$. 因为 $d_H(u_0) > \frac{nm(n,s,k)}{sk^2}$, 所以我们有 $\frac{nm(n,s,k)}{sk^2} < sk\binom{n-2}{k-2}$, 则 $m(n,s,k) < \frac{s^2k^3}{n}\binom{n-2}{k-2}$.

注意到

$$m(n,s,k) \geqslant \binom{n-1}{k-1} - \binom{n-s}{k-1} \overset{(4.1)}{\geqslant} (s-1)\binom{n-s}{k-2}. \tag{4.9}$$

我们有 $\frac{s^2 k^3}{n}\binom{n-2}{k-2} > (s-1)\binom{n-s}{k-2}$，所以 $\frac{k^3}{n} > \frac{(s-1)\binom{n-s}{k-2}}{s^2\binom{n-2}{k-2}}$.

由假设 $n > 2k^3(s+2)$，我们可得

$$\frac{1}{2} > \frac{(s+2)k^3}{n} > \frac{(s+2)(s-1)\binom{n-s}{k-2}}{s^2\binom{n-2}{k-2}} \geqslant \frac{\binom{n-s}{k-2}}{\binom{n-2}{k-2}} \overset{(4.2)}{\geqslant} 1 - \frac{(k-2)(s-2)}{n-k}, \tag{4.10}$$

所以 $\frac{(k-2)(s-2)}{n-k} > \frac{1}{2}$，矛盾. □

定理 4.1.2 的证明：

假设 H 的最大匹配数小于 s. 我们可以证明下面的式子成立：

$$\binom{n-1}{k-1} - \binom{n-s}{k-1} \geqslant \binom{n-1}{k-1} - \binom{n-s+1}{k-1} + \frac{k^3}{n-s+2}\binom{n-s}{k-2} = m(n, s-1, k)$$

$$\Leftrightarrow \binom{n-s+1}{k-1} - \binom{n-s}{k-1} \geqslant \frac{k^3}{n-s+2}\binom{n-s}{k-2}$$

$$\Leftrightarrow \binom{n-s}{k-2} \geqslant \frac{k^3}{n-s+2}\binom{n-s}{k-2}$$

$$\Leftrightarrow n-s+2 \geqslant k^3. \tag{4.11}$$

由假设 $n > 2k^3(s+1)$，可知式 (4.11) 成立.

因为 $|\{u|d_H(u) \leqslant \binom{n-1}{k-1} - \binom{n-s}{k-1}\}| \leqslant k-1$ 和 $m(n, s-1, k) = \binom{n-1}{k-1} - \binom{n-s+1}{k-1} + \frac{k^3}{n-s+2}\binom{n-s}{k-2}$，所以我们可以得到 $|\{u|d_H(u) \leqslant m(n, s-1, k)\}| \leqslant k-1$. 由引理 4.1.2，可得 $H \subseteq E_k(n, s-1)$.

由 $E_k(n, s-1)$ 的定义可知顶点集合 $V(E_k(n, s-1))$ 可以被划分成两个不交的顶点集合 W 和 $V-W$ 且满足 $|W| = s-1$. 另外，顶点 $u \in V-W$ 满足 $d_{E_k(n,s-1)}(u) = \binom{n-1}{k-1} - \binom{n-s}{k-1}$，顶点 $u \in W$ 满足 $d_{E_k(n,s-1)}(u) = \binom{n-1}{k-1}$.

令 $V_0 = \{u|d_H(u) \leqslant \binom{n-1}{k-1} - \binom{n-s}{k-1}\}$，则 $V-V_0 \subseteq W$. 进一步，可得 $n = |V_0| + |V-V_0| \leqslant k-1 + s-1$，与假设 $n > 2k^3(s+1)$ 相矛盾. 定理 4.1.2 得证. □

4.2　两个独立 $k-1$ 顶点子集的度和

在第 4.2.1 节，我们给出一个定理来说明试图用 $\sigma_2^{s,k-1}(H)$ 给出充分条件来确保超图 H 存在完美匹配不是一个好的想法. 在第 4.2.2 节，当 $s \leqslant (n - k(k-2))/k$ 时，我们用 $\sigma_2^{m,k-1}(H)$ 给出了一个紧的充分条件来确保 H 存在一个大小为 s 的匹配. 在第 4.2.3 节，我们用 $\sigma_2^{w,k-1}(H)$ 给出了一个紧的充分条件来确保 H 包含一个完美匹配.

4.2.1 两个 $k-1$ 强独立子集的度和

首先, 我们介绍 Tang 和 yan 在文献 [51] 中提过的一个阶为 n 的 k 一致超图 $J_n = (V, E)$. J_n 的顶点集合 V 可以划分为 3 个子集 A, B, C 且它们满足 $|A| = |B| = k-1$ 和 $|C| = n - 2(k-1)$. 边集合 E 由下面两类边组成: (i) $e \cap A \neq \varnothing, e \cap C \neq \varnothing, e \cap B = \varnothing$; (ii) $e \cap A = \varnothing, e \cap C \neq \varnothing, e \cap B \neq \varnothing$.

定理 4.2.1 [52] 对于任意满足 $n \geqslant 2k^2 - k, k \geqslant 3$ 的整数 n 和 k, 我们有 $\sigma_2^{sk-1}(J_n) \geqslant 2n - 4(k-1)$, 但是 J_n 不包含一个完美匹配.

证明 显然 J_n 不包含一个完美匹配, 因为 J_n 的每一条边要么与 A 相交, 要么与 B 相交, 而 $|A| + |B| = 2(k-1)$, 但是 $n \geqslant 2k^2 - k > 2(k-1)k$. 由 J_n 的定义可得, 不存在一条边 e 满足 $e \cap A \neq \varnothing$ 且 $e \cap B \neq \varnothing$, 所以 A 和 B 是强独立的, 并且 $\deg(A) = \deg(B) = n - 2(k-1)$. 下面我们证明 A 和 B 是 J_n 中仅有的一对强独立 $(k-1)$ 子集.

假设 S_1 和 S_2 是 J_n 中的两个不同的 $(k-1)$ 子集且满足 $\{S_1, S_2\} \neq \{A, B\}$. 下面欲证明 S_1 和 S_2 不是强独立的, 我们只需要在 J_n 中找到一条满足 $e \cap S_1 \neq \varnothing$ 和 $e \cap S_2 \neq \varnothing$ 的边 e. 因为 $n \geqslant 2k^2 - k$ 和 $k \geqslant 3$, 所以 $|C| \geqslant k - 1$.

如果 $S_1 \in \{A, B\}$ 或者 $S_2 \in \{A, B\}$, 不妨设 $S_1 = A$, 此时因为 $S_2 \neq B$, 所以我们可以找到一个顶点 $u \in S_2 \cap (A \cup C)$. 如果 $u \in C$, 则令 $e = S_1 \cup \{u\}$; 如果 $u \in A$, 则任选 $w \in C$, 令 $e = S_1 \cup \{w\}$. 无论哪种情形, 我们知道 $e \in E(J_n)$ 且 $e \cap S_1 \neq \varnothing$, $e \cap S_2 \neq \varnothing$.

假设 $S_1, S_2 \notin \{A, B\}$. 我们分下面两种情形讨论.

情形 1: $(S_1 \cup S_2) \cap A \neq \varnothing$ 或者 $(S_1 \cup S_2) \cap B \neq \varnothing$.

不妨假设 $S_1 \cap A \neq \varnothing$. 选择一个顶点 $u \in S_1 \cap A$. 如果 $S_2 \cap C \neq \varnothing$, 令 $e = S \cup \{u\}$, 其中 S 是一个满足 $S \subseteq C$ 和 $S \cap S_2 \neq \varnothing$ 的 $(k-1)$ 子集. 这样我们得到了 $e \in E(J_n)$ 且满足 $e \cap S_1 \neq \varnothing$ 和 $e \cap S_2 \neq \varnothing$. 假设 $S_2 \cap C = \varnothing$. 因为 $S_2 \notin \{A, B\}$, 所以我们可以找到一个顶点 $v \in S_2 \cap A$. 如果 $v \neq u$, 令 $S \subseteq C$ 是一个 $(k-2)$ 子集; 如果 $v = u$, 令 $S \subseteq C$ 是一个 $(k-1)$ 子集. 此时 $e = S \cup \{u, v\} \in E(J_n)$ 且满足 $e \cap S_1 \neq \varnothing$ 和 $e \cap S_2 \neq \varnothing$.

情形 2: $(S_1 \cup S_2) \cap A = \varnothing$ 且 $(S_1 \cup S_2) \cap B = \varnothing$.

此时我们有 $S_1 \cup S_2 \subseteq C$. 取顶点 $u \in A$. 令 S 是 C 的一个 $(k-1)$ 子集, 且满足 $S \cap S_i \neq \varnothing$, $i = 1, 2$, 则 $e = S \cup \{u\}$ 是 J_n 的一条边且满足 $e \cap S_1 \neq \varnothing$ 和 $e \cap S_2 \neq \varnothing$. $\square$

我们知道任意一个阶为 n 的 k 一致超图 H 都满足 $\sigma_2^{sk-1}(H) \leqslant 2n - 2(k-1)$. 但是定理 4.2.1 告诉我们一个阶为 n 的 k 一致超图的任意两个强独立 $(k-1)$ 子集的度和即使达

到了 $2n - 4(k-1)$, 也不能保证它包含一个完美匹配, 所以试图用 $\sigma_2^{s\,k-1}(H)$ 给出一个充分条件来确保 H 包含一个完美匹配不是一个好的想法.

4.2.2　两个 $k-1$ 中独立子集的度和

定理 4.2.2　[52] 给定整数 $s \geqslant 1$ 和 $k \geqslant 3$, 令 H 是一个阶为 $n \geqslant ks + (k-2)k$ 的 k 一致超图. 如果 H 满足条件 $\sigma_2^{m\,k-1}(H) \geqslant 2(s-1) + 1$, 则 H 包含一个大小为 s 的匹配. 这个界是紧的.

证明　令 M 是 H 中的一个最大匹配. 用反证法证明, 我们假设 $|M| \leqslant s-1$, 则有 $|V(H) \setminus V(M)| \geqslant (k-1)k$. 我们从 $V(H) \setminus V(M)$ 中选择出 k 个两两不交的 $(k-1)$ 子集 $S_1, \cdots, S_k$. 因为 M 是 H 的一个最大匹配, 所以由中独立的定义, 可知 $S_1, \cdots, S_k$ 中的任意两个 $(k-1)$ 子集都是中独立的, 否则可以扩充匹配 M, 矛盾. 因此对于任意 $i, j \in \{1, \cdots, k\}$, 我们有 $\deg(S_i) + \deg(S_j) \geqslant 2(s-1) + 1$. 记 $I = \{i | \deg(S_i) \leqslant s-1, i \in \{1, \cdots, k\}\}$. 显然我们有 $|I| \leqslant 1$. 因此我们可以得到 $\sum_{i=1}^{k} \deg(S_i) \geqslant ks - 1$. 进一步, 任意 S_i $(1 \leqslant i \leqslant k)$ 的邻点一定属于 $V(M)$, 否则我们可以扩充匹配 M, 矛盾. 因为 $|M| \leqslant s-1$, 所以存在一条边 $e \in M$ 包含至少 $k+1$ 个 $S_1, \cdots, S_k$ 的邻点, 也就意味着有的点是多个 S_i 的邻点. 因此存在两个顶点 $u, v \in e$ 和两个下标 $i \neq j$ 满足 $u \in N(S_i)$ 且 $v \in N(S_j)$. 令 $M' = (M \setminus \{e\}) \cup \{S_i \cup \{u\}\} \cup \{S_j \cup \{v\}\}$, 则 $|M'| > |M|$, 矛盾.

其实 k 一致超图 $H_{n,k,s}^1$ 告诉了我们为什么这个下界是紧的. 由定义 1.4.3, 我们可以知道 $H_{n,k,s}^1 = (V(H_{n,k,s}^1), E(H_{n,k,s}^1))$, 顶点集 $V(H_{n,k,s}^1)$ 可以划分成两个顶点子集 S 和 T, 其中 $|S| = n - s + 1$, $|T| = s - 1$. 边集合 $E(H_{n,k,s}^1)$ 由所有包含 T 中至少 1 个顶点的 k 元子集构成.

显然 $H_{n,k,s}^1$ 不包含一个大小为 s 的匹配. 令 S_1 和 S_2 为 $V(H_{n,k,s}^1)$ 的两个 $(k-1)$ 子集. 如果 S_1 和 S_2 中的一个, 不妨设为 S_1, 满足 $S_1 \cap T \neq \varnothing$, 令 $e = S_1 \cup \{u\}$, 其中 $u \in S_2 \setminus S_1$, 则 $e \in E(E_n)$ 且 $e \subseteq S_1 \cup S_2$, 所以 S_1 和 S_2 不是中独立的. 如果 $S_1 \cap T = \varnothing$ 且 $S_2 \cap T = \varnothing$, 则由 $H_{n,k,s}^1$ 的定义可知, S_1 和 S_2 是中独立的. 进一步我们还可以得到 $\deg(S_1) = \deg(S_2) = s - 1$. 因此 $\sigma_2^{m\,k-1}(H_{n,k,s}^1) = 2(s-1)$. $\qquad\square$

定理 4.2.3　[52] 给定整数 $k \geqslant 3$, $n \geqslant 2k$, 且 k 能整除 n. 假设 H 是一个阶为 n 的 k 一致超图. 如果 $\sigma_2^{m\,k-1}(H) \geqslant 2\delta^0(k, n)$, 则 H 包含一个大小为 $(\frac{n}{k} - 1)$ 的匹配.

证明　令 M 是 H 的一个最大匹配. 用反证法证明, 假设 $|M| \leqslant \frac{n}{k} - 2$. 因为 $|V(H) \setminus V(M)| \geqslant 2k$, 所以我们可以从 $V(H) \setminus V(M)$ 中选出两个不交的 $(k-1)$ 子集 S_1, S_2. 由

于 M 是 H 的一个最大匹配, 所以 S_1 和 S_2 是中独立的, 否则 $V(H) \setminus V(M)$ 中存在一条边, 我们可以扩充匹配 M, 矛盾. 因此 $\deg(S_1) + \deg(S_2) \geqslant 2\delta^0(k,n)$. 由式 (1.3) 可得 $2\delta^0(k,n) \geqslant 2(\frac{n}{2} + \frac{1}{2} - k) = n - 2k + 1 \geqslant k|M| + 1$. 注意到 S_1 和 S_2 的所有邻点都属于 $V(M)$ (否则我们可以扩充 M). 因此存在一条边 $e \in M$ 和两个不同的顶点 $u, v \in e$ 满足 $S_1 \cup \{u\}, S_2 \cup \{v\} \in E(H)$. 此时我们可以得到一个比 M 更大的匹配 $(M \setminus \{e\}) \cup \{S_1 \cup \{u\}\} \cup \{S_2 \cup \{v\}\}$, 矛盾. $\square$

由命题 1.4.1 和命题 1.4.2, 可得 $\sigma_2^{mk-1}(H^0(k,n)) \geqslant 2\delta^0(k,n) > 2(\frac{n}{k} - 1) + 1$. 又 $H^0(k,n)$ 不包含一个完美匹配, 所以定理 4.2.2 中的条件 $n \geqslant ks + (k-2)k$ 不能被 $n \geqslant ks$ 所代替. 我们有下面的猜想.

猜想 4.2.1 给定整数 $s \geqslant 1$ 和 $k \geqslant 3$, 令 H 是一个阶为 $n \geqslant k(s+1)$ 的 k 一致超图. 如果 H 满足条件 $\sigma_2^{mk-1}(H) \geqslant 2(s-1) + 1$, 则 H 包含一个大小为 s 的匹配.

因为 $H^0(k,n)$ 有一个大小为 $(\frac{n}{k} - 1)$ 的匹配, 但是没有一个完美匹配, 所以我们有下面的猜想.

猜想 4.2.2 给定整数 $k \geqslant 3$, $n \geqslant 2k$, 且 k 能整除 n. 假设 H 是一个阶为 n 的 k 一致超图. 如果

$$\sigma_2^{mk-1}(H) \geqslant \sigma_2^{mk-1}(H^0(k,n)) + 1, \tag{4.12}$$

则 H 包含一个完美匹配.

4.2.3 两个 $k-1$ 弱独立子集的度和

在这一部分我们用超图的两个弱独立 $(k-1)$ 子集的最小度和来给出确保超图存在完美匹配的一个充分条件. 首先我们介绍一些定义和一些 Rödl, Ruciński 和 Szemerédi 已经得到的结果, 见文献 [11].

定义 4.2.1 [11] 给定两个阶为 n 的 k 一致超图 H 和 H^0, 在 H 的所有满足条件 $V(H') = V(H^0)$ 的同构超图 H' 中, $|E(H^0) \setminus E(H')|$ 的最小值记作 $c(H, H^0)$. 如果 $c(H, H^0) < \varepsilon n^k$, 我们称 H ε-包含 H^0, 记作 $H^0 \subset_\varepsilon H$.

Rödl, Ruciński 和 Szemerédi 得到了下面的两个引理, 见文献 [11].

引理 4.2.1 [11] 存在 $\varepsilon > 0$ 和 n_0 使得, 如果:

(1) H 是一个阶为 $n (> n_0)$ 的 k 一致超图, n 能被 $k (\geqslant 3)$ 整除;

(2) $\delta_{k-1}(H) \geqslant \delta^0(k,n) + 1$;

(3) $H^0(k,n) \subset_\varepsilon H$ 或者 $\overline{H^0(k,n)} \subset_\varepsilon H$,

则 H 包含一个完美匹配.

引理 4.2.2 [11] 任意 $\varepsilon > 0$, 存在一个 n_0 使得, 如果

(1) H 是一个阶为 $n\,(>n_0)$ 的 k 一致超图, n 能被 $k\,(\geqslant 3)$ 整除;

(2) $\delta_{k-1}(H) \geqslant (\frac{1}{2} - \frac{1}{\log n})n$;

(3) $H^0(k,n) \not\subset_\varepsilon H$ 且 $\overline{H^0(k,n)} \not\subset_\varepsilon H$,

则 H 包含一个完美匹配.

由上面两个引理, Rödl, Ruciński 和 Szemerédi 得到了下面的定理, 见文献 [11].

定理 4.2.4 [11] 对于所有的 $k\,(\geqslant 3)$ 和充分大且能被 k 整除的 n, 令 H 是一个阶为 n 的 k 一致超图. 如果 $\delta_{k-1}(H) \geqslant \delta^0(k,n) + 1$, 则 H 包含一个完美匹配.

我们首先给出下面的引理, 之后我们再给出该引理的证明.

引理 4.2.3 存在 $\varepsilon > 0$ 和 n_0 使得, 如果:

(1) H 是一个阶为 $n\,(>n_0)$ 的 k 一致超图, 其中 n 可以被 $k\,(\geqslant 3)$ 整除;

(2) $\sigma_2^{w\,k-1}(H) \geqslant 2\delta^0(k,n) + 1$;

(3) $H^0(k,n) \subset_\varepsilon H$ 或者 $\overline{H^0(k,n)} \subset_\varepsilon H$,

则 H 包含一个完美匹配.

由引理 4.2.2, 引理 4.2.3 和定理 4.2.4, 我们得到了定理 4.2.4 的一个推广结果.

定理 4.2.5 对于所有的整数 $k\,(\geqslant 3)$ 和充分大且能被 k 整除的 n, 如果阶为 n 的 k 一致超图 H 满足 $\sigma_2^{w\,k-1}(H) \geqslant 2\delta^0(k,n) + 1$, 则 H 包含一个完美匹配.

证明 假设 $\varepsilon > 0$ 是一个使得引理 4.2.3 成立的非常小的数, n_0 是使得引理 4.2.2, 引理 4.2.3 和定理 4.2.4 成立的一个非常大的整数. 令 H 是一个阶为 $n > n_0 + 2k$ 的 k 一致超图, 其中 n 能被 k 整除. 我们分下面两种情形证明.

情形 1: 存在一个 $(k-1)$ 子集 S 满足 $\deg(S) < \frac{1}{2}n - 2k$.

假设 $\deg(S) \geqslant 1$. 取 $u \in N(S)$, 令 $H' = H[V \setminus (S \cup \{u\})]$. 在 $V(H')$ 中任意选择一个 $(k-1)$ 子集, 记作 S'. 因为 $|S| + |S'| = 2(k-1)$ 且 $k \geqslant 3$, 所以 S 和 S' 在 H 中是弱独立的. 因此

$$
\begin{aligned}
\deg_H(S') &\geqslant 2\delta^0(k,n) + 1 - \deg_H(S) \\
&> 2\delta^0(k,n) + 1 - \left(\frac{1}{2}n - 2k\right) \\
&\geqslant n + 1 - 2k + 1 - \left(\frac{1}{2}n - 2k\right) = \frac{n}{2} + 2.
\end{aligned}
\tag{4.13}
$$

又由式 (1.3), 我们可以得到

$$\delta^0(k, n-k) + 1 \leqslant \frac{n-k}{2} + 2 - k + 1 = \frac{n}{2} + 3 - \frac{3k}{2}, \tag{4.14}$$

所以

$$\deg_{H'}(S') \geqslant \deg_H(S') - k \geqslant \delta^0(k, n-k) + 1. \tag{4.15}$$

由定理 4.2.4, 我们可以得到 H' 包含一个完美匹配, 记为 M. 这样我们可以得到 H 的一个完美匹配 $M \cup \{S \cup \{u\}\}$.

下面我们假设 $\deg(S) = 0$. 从 $V(H) \setminus S$ 中选择两个不交的 $(k-2)$ 子集 T_1, T_2, 从 S 中选择两个不同的顶点 u 和 v. 令 $S_1 = T_1 \cup \{u\}$, $S_2 = T_2 \cup \{v\}$. 可以很容易验证 S 和 S_i 是弱独立的, $i = 1, 2$. 因此我们有 $\deg_H(S_i) \geqslant 2\delta^0(k, n) + 1 \geqslant 2$, $i = 1, 2$. 于是存在两条不交的边 e_1 和 e_2 满足 $S_i \subseteq e_i$, $i = 1, 2$. 令 $H'' = H[V \setminus (e_1 \cup e_2)]$. 下面我们证明 $\delta_{k-1}(H'') \geqslant \delta^0(k, n-2k) + 1$. 对于 H'' 中任意一个 $(k-1)$ 子集 S'', 因为 $u, v \in S \setminus S''$, 所以 S 和 S'' 在 H 中是弱独立的. 这样的话我们可以得到

$$\deg_H(S'') \geqslant 2\delta^0(k, n) + 1 - \deg_H(S) = 2\delta^0(k, n) + 1$$
$$\geqslant n + 1 - 2k + 1 = n + 2 - 2k. \tag{4.16}$$

又由式 (1.3), 我们有

$$\delta^0(k, n-2k) + 1 \leqslant \frac{n-2k}{2} + 2 - k + 1 = \frac{n}{2} + 3 - 2k, \tag{4.17}$$

所以 $\deg_{H''}(S'') \geqslant \deg_H(S'') - 2k \geqslant \delta^0(k, n-2k) + 1$. 由定理 4.2.4 我们可得 H'' 包含一个完美匹配, 记为 M. 此时我们得到了 H 的一个完美匹配 $M \cup \{e_1, e_2\}$.

情形 2: $\delta_{k-1}(H) \geqslant \frac{1}{2}n - 2k$.

在这种情形下, 我们有 $\delta_{k-1}(H) \geqslant \frac{1}{2}n - 2k \geqslant (\frac{1}{2} - \frac{1}{\log n})n$. 如果 $H^0(k, n) \not\subset_\epsilon H$ 且 $\overline{H^0(k, n)} \not\subset_\epsilon H$, 则由引理 4.2.2, 我们可得 H 包含一个完美匹配. 如果 $H^0(k, n) \subset_\epsilon H$ 或者 $\overline{H^0(k, n)} \subset_\epsilon H$, 则由引理 4.2.3, 我们可得 H 包含一个完美匹配. $\square$

下面我们给出一个超图来说明定理 4.2.5 的确比定理 4.2.4 好. 令 $H_0 = (V, E)$ 是一个阶为 n 的 k 一致超图, 其中 n 可以被 k 整除. 顶点集合 V 可以划分成三个集合 S, T 和 R, 其中 $|S| = k-1$, $|T| = \ell$ 和 $|R| = n - (k-1) - \ell$, 这里 $1 \leqslant \ell < \delta^0(k, n)$. 边集 $E = \{S \cup \{v\} : v \in T\} \cup \{e \subseteq \binom{V}{k} : |e \cap S| \neq k-1\}$. 我们可以很容易验证

$\delta_{k-1}(H_0) = \ell < \delta^0(k,n)$，但是 $\sigma_2^{w\,k-1}(H) = n - (k-1) - 1 + \ell \geqslant 2\delta^0(k,n) + 1$，所以由定理 4.2.5 可以推出 H_0 包含一个完美匹配，但是 H_0 不满足定理 4.2.4 的条件.

接下来我们证明引理 4.2.3. 证明的方法主要来自文献 [11]. 事实上，我们用的是与引理 4.2.1 相似的方法，不同的地方就是我们用条件 $\sigma_2^{w\,k-1}(H) \geqslant 2\delta^0(k,n) + 1$ 代替了条件 $\delta_{k-1}(H) \geqslant \delta^0(k,n) + 1$.

准备工作:

首先我们介绍一类特殊的 k 一致超图，见文献 [11]. 给定 n 个顶点的一个划分 A 和 B. 对于 $k \geqslant 3$ 和 $0 \leqslant r \leqslant k$，令 F 是这样一个 k 一致超图: 它的顶点集合为 $A \cup B$，它的每一条边是一个 k 元子集，且恰巧包含 A 中 r 个元素. 如果 F 包含了所有恰巧包含 A 中 r 个元素的 k 元子集，则称 F 是完全 $(r, k-r)$ 部的，且表示为 $K_r(A,B) = K_r$.

由 $H^0(k,n)$ 的定义，我们得到

$$H^0(k,n) = \begin{cases} \bigcup\limits_{r \text{ 是偶数}} K_r(A,B), & k \text{ 是奇数}, \\ \bigcup\limits_{r \text{ 是奇数}} K_r(A,B), & k \text{ 是偶数}, \end{cases} \tag{4.18}$$

而且

$$\overline{H^0(k,n)} = \begin{cases} \bigcup\limits_{r \text{ 是奇数}} K_r(A,B) = \bigcup\limits_{\text{是偶数}} K_r(B,A), & k \text{ 是奇数}, \\ \bigcup\limits_{r \text{ 是偶数}} K_r(A,B), & k \text{ 是偶数}, \end{cases} \tag{4.19}$$

由定义 1.4.1 和定义 1.4.2 可知，$|A| = a(k,n)$，$|B| = n - |A|$.

像文献 [11] 中那样，我们假设:

(1) $k \geqslant 3$ 和 $1 \leqslant r \leqslant k$;

(2) $F = (A \cup B, E)$ 是 $(r, k-r)$ 部的且满足 $|A \cup B| = n$ 和 $|A|, |B| \geqslant 0.4n$;

(3) $\varepsilon = \varepsilon(k) > 0$ 是充分小的数.

定义 4.2.2　[11] 顶点 $v \in V(F)$，如果 $\deg_F(v) \leqslant \deg_{K_r}(v) - \varepsilon n^{k-1}$，则我们称其在 F 中 ε- 缺乏.

我们介绍几个关于 F 的事实.

事实 4.2.1　[11] 给定 $c > 0$. 如果 v 在 F 中不是 ε-缺乏的，则 v 在 F 的导出子图 $F[A' \cup B']$ 中不是 $\frac{\varepsilon}{c^{k-1}}$-缺乏的，其中 $A' \subseteq A$, $B' \subseteq B$, $|A'| \geqslant c|A|$, $|B'| \geqslant c|B|$.

事实 4.2.2　[11] 如果存在某个整数 t 满足 $n = tk$, $|A| = tr$, $|B| = t(k-r)$，且 F 中没有 ε-缺乏顶点，则 F 包含一个完美匹配.

事实 4.2.3 [11] 如果 $|K_r \setminus F| < \varepsilon n^k$, 则 F 中 $\sqrt{\varepsilon}$-缺乏顶点的个数至多为 $\sqrt{\varepsilon} kn$.

定义 4.2.3 [11] 给定满足条件 $0 < c < 1$ 的正数 c, 顶点 v 如果满足 $\deg_F(v) \leqslant c \cdot \deg_{K_r}(v)$, 则称其在 F 中 c-小; 否则称其在 F 中 c-大.

事实 4.2.4 [11] 对于每一个满足条件 $0 < c < 1$ 的数 c, 如果 $|K_r \setminus F| < \varepsilon n^k$, 则 F 中 c-小的顶点个数至多为 $\sqrt{\varepsilon} kn$.

事实 4.2.5 [11] 假设 N 是 F 中所有 0.1-大的顶点集合. 如果 $|N| \leqslant \varepsilon n$, 则 F 中有一个匹配 $M(N)$, 它的每一条边恰巧包含 N 中的一个顶点.

给定一个顶点集合为 $V(H) = A \cup B$ 的 k 一致超图 H, 我们用 $E_r(A, B)$ 或者 E_r 表示超图 H 中所有恰巧包含 A 中 r 个顶点的边导出的子超图.

事实 4.2.6 [11] 假设 $V(H) = V = A \cup B$, $|A| \sim |B|$, $1 \leqslant r \leqslant k-1$, $|K_r(A, B) \setminus E_r(A, B)| < \varepsilon n^k$ 和 $\delta_{k-1}(H) \geqslant \frac{n}{2} - O(1)$. 进一步, 令 S_A 和 S_B 分别是 A 和 B 中在 $E_r(A, B)$ 上是 0.3-小的顶点集合, 记 $A' = (A \setminus S_A) \cup S_B$ 和 $B' = (B \setminus S_B) \cup S_A$, 则当 $n \geqslant n_0$ 时, 下面结论成立:

(a) $|S_A| + |S_B| \leqslant \sqrt{\varepsilon} kn$;

(b) 对于新的顶点划分 $V = A' \cup B'$, 在 $E_r(A', B')$ 上, V 中的所有顶点都是 0.2-大的.

由定理 4.2.4 的证明过程, 我们可以假设 $\delta_{k-1}(H) \geqslant \frac{n}{2} - 2k$. 此条件满足事实 4.2.6 中的度条件.

引理 4.2.3 的证明:

由引理 4.2.1 的证明过程 (见文献 [11]), 我们只需要考虑下面三种情形:

情形 1: k 是奇数且 H ε-包含 $H^0(k, n)$;

情形 2: k 是偶数且 H ε-包含 $\overline{H^0(k, n)}$;

情形 3: k 是偶数且 H ε-包含 $H^0(k, n)$.

给定满足引理 4.2.3 假设的 k 一致超图 H. 假设 $V(H) = V = A \cup B$, $A \cap B = \varnothing$, 其中 $|A| = a(k, n)$ 由定义 1.4.1 和定义 1.4.2 决定. 为简单起见, 记 $a = |A|$, $b = |B|$, $a' = |A'|$ 等, 则有 $|a - b| \leqslant 2$. 注意到初始划分将要被稍微修改. 新的划分 $V = A' \cup B'$ 总是满足 $|a' - b'| < \varepsilon' n$, 其中 $\varepsilon' = f(\varepsilon)$.

在下面的证明过程中, 有些值 r (依赖奇偶性) 满足 $|K_r \setminus E_r| < \varepsilon n^k$, 此时有 $|E_r| = \Theta(n^k)$, 同样地也有 $|E_r'| = \Theta(n^k)$. 这样的下标 r 和相应 E_r 的边被称为典型的; 否则被称为非典型的, 见文献 [11].

我们用下面的模板介绍证明的一般思路.

令 H 是一个满足引理 1.5.1 假设的 k 一致超图. r_1 和 r_2 是两个典型的下标, 其中 $0 \leqslant r_1, r_2 \leqslant k, r_1 \neq r_2$.

I: 通过修改划分的方式变 E_{r_1} 中的小点为大点.

注意到 $\delta_{k-1}(H) \geqslant \frac{n}{2} + O(1)$. 由定义 1.4.1 和定义 1.4.2, 我们有 $|A| \sim |B|$. 因为 r_1 是典型的, 所以 $|K_{r_1} \setminus E_{r_1}| < \varepsilon n^k$. 利用事实 4.2.6, 取 $r = r_1$, 我们把 $E_{r_1}(A, B)$ 中所有的 0.3-小点都移到另外一部, 则我们得到一个新的划分 $V = A' \cup B'$, V 中的每一个顶点在 E'_{r_1} 中都是 0.2-大的. 进一步, 我们有 $|a' - b'| \leqslant 2\sqrt{\varepsilon} kn$.

II: 删掉一个很小的匹配使得 A 和 B 满足整除性.

选择一个大小不大于 2 的匹配 M_1 使得下面方程组有一个非负整数解 (x, y):

$$\begin{cases} r_1 x + r_2 y = a'', \\ (k - r_1)x + (k - r_2)y = b'', \end{cases} \tag{4.20}$$

其中 $A'' = A' \setminus V(M_1)$, $B'' = B' \setminus V(M_1)$. 上面的方程组有整数解 (x, y) 等价于下面的同余关系成立:

$$a'' - \frac{1}{k}(a'' + b'')r_2 \equiv 0 \pmod{r_1 - r_2}. \tag{4.21}$$

因为 $A'' \cup B'' = V \setminus V(M_1)$ 和 $|M_1| \leqslant 2$, 所以 $|a'' - b''| \leqslant |a' - b'| + 4k \leqslant 2\sqrt{\varepsilon} kn + 4k$.

III: 匹配缺乏点.

令 N 是在 $E_{r_1}[V \setminus V(M_1)]$ 中或者在 $E_{r_2}[V \setminus V(M_1)]$ 中所有 $\sqrt{\varepsilon}$-缺乏顶点的集合. 由事实 4.2.3 易得 $|N| \leqslant 2\sqrt{\varepsilon} kn$. 再由第 I 步可知, V 中的每一个顶点在 E'_{r_1} 中都是 0.2-大的. 又 $|M_1| \leqslant 2$, 所以不难验证每一个顶点在 $E'_{r_1}[V \setminus V(M_1)]$ 中都是 0.1-大的.

由事实 4.2.5 可以得到一个包含 N 的所有顶点的匹配 M_2, 且 M_2 的每一条边恰巧包含 N 中的一个顶点. 因为 $|M_2| \leqslant 2\sqrt{\varepsilon} kn$, 所以下面的方程组

$$\begin{cases} r_1 x + r_2 y = a''', \\ (k - r_1)x + (k - r_2)y = b''' \end{cases} \tag{4.22}$$

有一个非负整数解 $(x', y') = (x - |M_2|, y)$, 其中 $A''' = A'' \setminus V(M_2)$, $B''' = B'' \setminus V(M_2)$. 进一步, 我们有

$$|a''' - b'''| \leqslant |a'' - b''| + 2k|N| \leqslant 2\sqrt{\varepsilon} kn + 4k + 2k|N| \leqslant 7\sqrt{\varepsilon} k^2 n. \tag{4.23}$$

IV: 得到 H 中的一个完美匹配.

现在我们分开考虑情形 1, 情形 2 和情形 3. 因为在情形 1, 情形 2 和情形 3.2 中的步骤 II~IV 或者情形 3.1 中的步骤 III~IV 的证明方法和文献 [11] 中的证明方法类似, 所以此处不再详细给出. 事实上, 我们的主要工作是证明事实 4.2.7 到事实 4.2.10.

情形 1: k 是奇数且 H ε-包含 $H^0(k, n)$.

因为 $H^0 \subset_\varepsilon H$, 所以每一个偶数 r 满足 $|K_r \setminus E_r| < \varepsilon n^k$. 我们取 $r_1 = k - 1$, $r_2 = 0$. 同余关系 (4.21) 可以化简为 $a'' \equiv 0 \pmod{k-1}$.

I: 令 S_A 和 S_B 分别是 A 和 B 中在 E_{k-1} 上的所有 0.3-小顶点的集合. 记 $A' = (A \setminus S_A) \cup S_B$ 和 $B' = (B \setminus S_B) \cup S_A$. 由事实 4.2.6 可知, 所有的顶点在 $E'_{k-1}(A', B')$ 中都是 0.2-大的, 且满足 $|a' - b'| \leqslant 2\sqrt{\varepsilon}kn$. 在步骤 II 之前, 我们证明下面的事实.

事实 4.2.7 如果 a' 是奇数, 则 $E'_1 \cup E'_{k-2} \neq \varnothing$.

证明 由文献 [11] 中事实 4.5 的证明过程可知 $a' + 2 - k \leqslant \delta^0(k, n)$ 或者 $b' + 1 - k \leqslant \delta^0(k, n)$.

假设 $a' + 2 - k \leqslant \delta^0(k, n)$. 令 $S_1 = \{a_1, \cdots, a_{k-2}, b_{k-1}\}$ 和 $S_2 = \{a_1, \cdots, a_{k-2}, b'_{k-1}\}$, 其中 $\{a_1, \cdots, a_{k-2}\} \subseteq A'$, $\{b_{k-1}, b'_{k-1}\} \subseteq B'$, $b_{k-1} \neq b'_{k-1}$. 如果 S_1 和 S_2 不是弱独立的, 则 $\{a_1, \cdots, a_{k-2}, b_{k-1}, b'_{k-1}\} \in E'_{k-2}$. 如果 S_1 和 S_2 是弱独立的, 则 $\deg(S_1) + \deg(S_2) \geqslant 2\delta^0(k, n) + 1$, 所以 S_1 和 S_2 中至少有一个, 不妨设为 S_1, 满足有一个邻点 $b_k \in B'$. 此时 $S_1 \cup \{b_k\} \in E'_{k-2}$.

假设 $b' + 1 - k \leqslant \delta^0(k, n)$. 令 $S_1 = \{b_1, \cdots, b_{k-1}\}$ 和 $S_2 = \{b'_1, \cdots, b'_{k-1}\}$, 其中 $\{b_1, \cdots, b_{k-1}\} \subseteq B'$, $\{b'_1, \cdots, b'_{k-1}\} \subseteq B'$ 且满足 $S_1 \cap S_2 = \varnothing$. 显然 S_1 和 S_2 是弱独立的, 所以 $\deg(S_1) + \deg(S_2) \geqslant 2\delta^0(k, n) + 1$. 因此 S_1 和 S_2 中至少有一个, 不妨设为 S_1, 满足有一个邻点 $a_1 \in A'$. 此时 $S_1 \cup \{a_1\} \in E'_1$. $\qquad \square$

情形 2: k 是偶数且 H ε-包含 $\overline{H^0(k, n)}$.

由 $\overline{H^0(k, n)}$ 的定义很容易知道所有的偶数下标都是典型的. 我们选择 $r_1 = k - 2$ 和 $r_2 = 0$. 将同余关系 (4.21) 化简为 $a'' \equiv 0 \pmod{k-2}$.

I: 与情形 1 类似, 我们可以得到一个划分 $V = A' \cup B'$, 使得所有的顶点在 E'_{k-2} 中都是 0.2-大的.

事实 4.2.8 $E'_1 \cup E'_{k-1} \neq \varnothing$.

证明 假设 $a' - k \geqslant \delta^0(k, n)$ 且 $b' - k \geqslant \delta^0(k, n)$, 则 $\delta^0(k, n) \leqslant \frac{n}{2} - k$, 与式 (1.3) 相矛盾. 因此 $a' - k + 1 \leqslant \delta^0(k, n)$ 或者 $b' - k + 1 \leqslant \delta^0(k, n)$.

假设 $a' - k + 1 \leqslant \delta^0(k, n)$. 选择两个 $(k-1)$ 子集 $S_1, S_2 \subseteq A'$. 显然 S_1 和 S_2 是弱独

立的, 所以 $\deg(S_1) + \deg(S_2) \geqslant 2\delta^0(k,n) + 1$, 因此 S_1 和 S_2 中至少有一个, 不妨设为 S_1, 满足有一个邻点 $b \in B'$. 此时 $S_1 \cup \{b\} \in E'_{k-1}$.

假设 $b' - k + 1 \leqslant \delta^0(k,n)$. 选择两个不交的 $(k-1)$ 子集 $S_1, S_2 \subseteq B'$. 显然 S_1 和 S_2 是弱独立的. 因为 $\deg(S_1) + \deg(S_2) \geqslant 2\delta^0(k,n) + 1$, 所以 S_1 和 S_2 中至少有一个, 不妨设为 S_1, 满足有一个邻点 $a \in A'$. 此时 $S_1 \cup \{a\} \in E'_1$. □

情形 3: k 是偶数且 H ε–包含 $H^0(k,n)$.

我们分下面两种情形考虑.

情形 3.1: $k = 4l$, 其中 l 是一个正整数.

我们取 $r_1 = \frac{k}{2} + 1$ 和 $r_2 = \frac{k}{2} - 1$, 则同余关系 (4.21) 等价于 $\frac{1}{2}(a'' - b'') + \frac{1}{k}(a'' + b'')$ 是偶数.

I: 采用模板的步骤 I, 取 $r_1 = \frac{k}{2} + 1$. 因为 $a' + b' = n$ 是偶数, 所以 a' 和 b' 要么全是偶数要么全是奇数. 由对称性我们可以假设 $a' \geqslant b'$, 同时还有 $a' - b' \leqslant 2\sqrt{\varepsilon k n}$.

II: 接下来, 我们找到一个匹配 M_1 使得 $A'' = A' \setminus V(M_1)$ 和 $B'' = B' \setminus V(M_1)$ 满足 $\frac{1}{2}(a'' - b'')$ 和 $\frac{1}{k}(a'' + b'')$ 要么全是偶数要么全是奇数. 换句话说就是, 存在两个整数 s 和 m 使得下面两种情形之一成立:

(i) $a'' - b'' = 4s$ 和 $a'' + b'' = 2mk$;

(ii) $a'' - b'' = 4s + 2$ 和 $a'' + b'' = (2m+1)k$.

如果 a' 和 b' 使得 (i) 和 (ii) 中的一个成立, 我们取 $M_1 = \varnothing$. 否则因为 $a' + b' = n$ 是偶数, 所以下面两种情形之一成立:

(iii) $a' - b' = 4s + 2$ 和 $a' + b' = 2mk$;

(iv) $a' - b' = 4s$ 和 $a' + b' = (2m+1)k$.

在这两种情形下, 我们意识到 $M_1 = \{e\}$, $e \in E_2$ 就能确保 (i) 和 (ii) 中的一种情形成立, 所以我们只要证明下面的事实即可.

事实 4.2.9 如果 (iii) 或者 (iv) 成立且 $a' \geqslant b'$, 则 $E_2 \neq \varnothing$ (如果 $a' \leqslant b'$, 则 $E'_{k-2} \neq \varnothing$).

证明 如果 $b' + 2 - k \leqslant \delta^0(k,n)$, 我们选择两个不交的 $(k-1)$ 子集 $S_1 = \{a_1, b_1, \cdots, b_{k-2}\}$ 和 $S_2 = \{a'_1, b'_1, \cdots, b'_{k-2}\}$, 其中 $\{a_1, a'_1\} \subseteq A'$, $\{b_1, \cdots, b_{k-2}\} \subseteq B'$, $\{b'_1, \cdots, b'_{k-2}\} \subseteq B'$, 则 S_1 和 S_2 是弱独立的, 因此 $\deg(S_1) + \deg(S_2) \geqslant 2\delta^0(k,n) + 1$, 所以 S_1 和 S_2 中至少有一个, 不妨设为 S_1, 有一个邻点属于 A'. 于是, $E_2 \neq \varnothing$. 下面我们假设 $\delta^0(k,n) \leqslant b' + 1 - k$.

如果 (iii) 成立, 则 $b' \leqslant \frac{n}{2} - 1$, 所以 $\delta^0(k,n) \leqslant \frac{n}{2} - k$, 与式 (1.3) 相矛盾.

如果 (iv) 成立, 则 $b' \leqslant \frac{n}{2}$, 所以 $\delta^0(k,n) \leqslant \frac{n}{2} + 1 - k$. 但是 $\frac{n}{k} = \frac{(a'+b')}{k} = 2m+1$, 由式 (1.2) 可得 $\delta_{k-1}(H^0(k,n)) = \frac{n}{2} + 2 - k$, 矛盾. □

情形 3.2: $k = 4l + 2$, 其中 l 是一个正整数.

设 $r_1 = \frac{k}{2}$. 如果步骤 I 中的 a' 和 b' 满足 $a' \geqslant b'$, 则设 $r_2 = \frac{k}{2} + 2$; 否则设 $r_2 = \frac{k}{2} - 2$. 因此, 同余关系 (4.21) 等价于 $\frac{1}{2}(a'' - b'')$ 是一个偶数.

I: 因为 $a' + b' = n$ 且 n 是一个偶数, 所以由对称性我们可以假设 $a' \geqslant b'$. 令 $r_1 = \frac{k}{2}$, $r_2 = \frac{k}{2} + 2$. 此时我们还有 $a' - b' \leqslant 2\sqrt{\varepsilon}kn$.

在步骤 II 之前, 我们需要下面的事实.

事实 4.2.10 如果 $a' > b'$, 则 $E'_2 \neq \varnothing$ (如果 $a' < b'$, 则 $E'_{k-2} \neq \varnothing$).

证明 我们首先证明 $b' + 2 - k \leqslant \delta^0(k,n)$. 假设 $b' + 1 - k \geqslant \delta^0(k,n)$. 因为 $b' \leqslant \frac{n}{2} - 1$, 所以 $\delta^0(k,n) \leqslant \frac{n}{2} - k$, 与式 (1.3) 相矛盾. 因此可得 $b' + 2 - k \leqslant \delta^0(k,n)$.

令 $S_1 = \{b_1, \cdots, b_{k-2}, a_{k-1}\}$ 和 $S_2 = \{b'_1, \cdots, b'_{k-2}, a'_{k-1}\}$ 是两个不交的 $(k-1)$ 子集, 其中 $\{b_1, \cdots, b_{k-2}, b'_1, \cdots, b'_{k-2}\} \subseteq B'$, $\{a_{k-1}, a'_{k-1}\} \subseteq A'$, 则 S_1 和 S_2 是弱独立的, 所以 $\deg(S_1) + \deg(S_2) \geqslant 2\delta^0(k,n) + 1$, 因而 S_1 和 S_2 中至少有一个, 不妨设为 S_1, 在 A' 中有邻点. □

此时我们完成了引理 4.2.3 的证明.

4.3 讨论与小结

给定一个 k 一致超图 H, 由强独立, 中独立, 弱独立的定义我们很容易得到 $\sigma_2^{s\,k-1}(H) \geqslant \sigma_2^{m\,k-1}(H) \geqslant \sigma_2^{w\,k-1}(H)$. 显然最理想的方式是用 $\sigma_2^{s\,k-1}(H)$ 给出一个紧的下界来确保超图 H 存在一个完美匹配. 但是定理 4.2.1 告诉我们这种想法不太好. 虽然我们给出了 $\sigma_2^{w\,k-1}(H)$ 的一个紧的下界来确保超图 H 存在一个完美匹配, 但是 $\sigma_2^{w\,k-1}(H)$ 条件相比 $\sigma_{k-1}(H)$ 条件改进得不是太大, 也就是在 $\sigma_2^{w\,k-1}(H)$ 条件下, 小度的 $k-1$ 子集的数量不是太多, 所以我们的证明方法很依赖于 Rödl, Ruciński 和 Szemerédi 在文献 [11] 中的证明方法. 因为 $\sigma_2^{m\,k-1}(H)$ 条件的强弱在 $\sigma_2^{s\,k-1}(H)$ 和 $\sigma_2^{w\,k-1}(H)$ 之间, 所以考虑它是比较有意义的, 但是我们只证明了部分结果, 即定理 4.2.2 和定理 4.2.3. 根据证明的结果, 我们给出了猜想 4.3.1 和猜想 4.3.2.

猜想 4.3.1 给定整数 $s \geqslant 1$ 和 $k \geqslant 3$, 令 H 是一个阶为 $n \geqslant k(s+1)$ 的 k 一致超图. 如果 H 满足条件 $\sigma_2^{m\,k-1}(H) \geqslant 2(s-1) + 1$, 则 H 包含一个大小为 s 的匹配.

因为 $H^0(k,n)$ 有一个大小为 $(\frac{n}{k}-1)$ 的匹配, 但是没有一个完美匹配, 所以我们有下面的猜想.

猜想 4.3.2   给定整数 $k \geqslant 3$, $n \geqslant 2k$, 且 k 能整除 n. 假设 H 是一个阶为 n 的 k 一致超图. 如果

$$\sigma_2^{m\,k-1}(H) \geqslant \sigma_2^{m\,k-1}(H^0(k,n)) + 1,$$

则 H 包含一个完美匹配.

参 考 文 献

[1] Dirac G A. Some theorems on abstract graphs[J]. Proc. Lond. Math. Soc., 1952, 2: 69–81.

[2] Ore O. Note on Hamilton circuits[J]. Amer. Math. Month., 1960, 67: 55–55.

[3] Tutte W T. The factorization of linear graphs[J]. Lond. Math. Soc., 1947, 22: 107–111.

[4] Edmonds J. Paths, Trees, and flowers[J]. Canad. J. Math., 1965, 17: 449-467.

[5] Karp R M. Reducibility among combinatorial problems, In Complexity of computer computa-tions[C]. Proc. Sympos., IBM Thomas J. Watson Res. Center, Yorktown Heights, Plenum, New York, 1972: 85-103.

[6] Berge C. Hypergraph Combinatorics of Finite sets[M]. 3rd ed. North-Holland, Amsterdam, 1973.

[7] Rödl V, Ruciński A, Szemerédi E. A Dirac-type theorem for 3-uniform hypergraphs[J]. Comb. Prob. Comp., 2006, 15(1-2): 229-251.

[8] Kühn D, Osthus D. Matchings in hypergraphs of large minimum degree[J]. Graph Theory, 2006, 51: 269–280.

[9] Rödl V, Ruciński A, Szemerédi E. Perfect matchings in uniform hypergraphs with large minimum degree[J]. European J. Combin., 2006, 27: 1333–1349.

[10] Rödl V, Ruciński A, Schacht M, et al. A note on perfect matchings in uniform hypergraphs with large minimum collective degree[J]. Comment. Math. Univ. Carolin., 2008, 49(4):633-636.

[11] Rödl V, Ruciński A, Szemerédi E. Perfect matchings in large uniform hypergraphs with large minimum collective degree[J]. Combin. Theory Ser. A, 2009, 116: 613–636.

[12] Pikhurko O. Perfect matchings and K_4^3-tilings in hypergraphs of large codegree[J]. Graphs Combin., 2008, 24: 391–404.

[13] Treglown A, Zhao Y. Exact minimum degree thresholds for perfect matchings in uniform hyper-graphs[J]. Combin. Theory Ser. A, 2012, 119: 1500–1522.

[14] Treglown A, Zhao Y. Exact minimum degree thresholds for perfect matchings in uniform hyper-graphs II[J]. Combin. Theory Ser. A, 2013, 120: 1463–1482.

[15] Hàn H, Person Y, Schacht M. On perfect matchings in uniform hypergraphs with large minimum vertex degree[J]. SIAM J. Discrete Math., 2009, 23: 732–748.

[16] Markström K, Ruciński A. Perfect matchings (and Hamilton cycles) in hypergraphs with large degrees[J]. European J. Combin., 2011, 32: 677–687.

[17] Kühn D, Osthus D, Townsend T. Fractional and integer matchings in uniform hypergraphs[J]. European J. Combin., 2014, 38: 83–96.

[18] Han J. Perfect matchings in hypergraphs and the Erdós matching conjecture[J]. SIAM J. Discrete Math., 2016, 30: 1351–1357.

[19] Daykin D E, Häggkvist R. Degrees giving independent edges in a hypergraph[J]. Bull. Aust. Math. Soc., 1981, 23: 103-109.

[20] Khan I. Perfect matching in 3-uniform hypergraphs with large vertex degree[J]. SIAM J. Discrete Math., 2013, 27: 1021–1039.

[21] Kühn D, Osthus D, Treglown A. Matchings in 3-uniform hypergaphs[J]. Combin. Theory Ser. B, 2013, 103: 291–305.

[22] Khan I. Perfect matchings in 4-uniform hypergraphs[J]. Combin. Theory Ser. B, 2016, 116: 333–366.

[23] Alon N, Frankl P, Huang H, et al. Large matchings in uniform hypergraphs and the conjectures of Erdós and Samuels[J]. Combin. Theory Ser. A, 2012, 119: 1200–1215.

[24] Treglown A, Zhao Y. A note on perfect matchings in uniform hypergraphs[J]. Electron. J. Combin., 2016, 23: 1–16.

[25] Zhao Y. Recent advances on dirac-type problems for hypergraphs, Recent Trends in Combinatorics, volume 159 of the IMA Volumes in Mathematics and its Applications[M]. Springer, New York, 2016.

[26] Rödl V, Ruciński A. Dirac-type questions for hypergraphs – a survey (or more problems for Endre to solve) An Irregular Mind[J]. Bolyai Soc. Math. Studies, 2010, 21: 561–590.

[27] Rödl V, Ruciński A, Szemerédi E. An approximate Dirac-type theorem for k-uniform hypergraphs[J]. Combinatorica, 2008, 28: 229–260.

[28] Kühn D, Osthus D. Embedding large subgraphs into dense graphs[J]. In Surveys in combinatorics of London Math. Soc. Lecture Note Ser., 2009, 365:137–167.

[29] Han J. Near perfect matchings in k-uniform hypergraphs[J]. Combin. Probab. Comput., 2015, 24: 723-732.

[30] Bollobás B, Daykin D E, Erdós P. Sets of independent edges of a hypergraph[J]. Quart. J. Math. Oxford Ser., 1976, 27: 25-32.

[31] Erdós P. A problem on independent r-tuples[J]. Ann. Univ. Sci. Budapest. Eótvós Sect. Math., 1965, 8: 93–95.

[32] Erdós P, Ko C, Rado R. Intersection theorems for systems of finite sets[J]. Quart. J. Math. Oxford Ser., 1961, 12(2): 313-320.

[33] Erdós P, Gallai T. On maximal paths and circuits of graphs[J]. Acta Math. Acad. Sci. Hungar, 1959, 10:337-356.

[34] Huang H, Loh P S, Sudakov B. The size of a hypergraph and its matching number[J]. Combin. Probab. Comput., 2012, 21(3):442-450.

[35] Frankl P, Rödl V, Ruciński A. On the maximum number of edges in a triple system not containing a disjoint family of a given size[J]. Combin. Probab. Comput., 2012, 21(1-2):141-148.

[36] Luczak T, Mieczkowska K. On Erdós' extremal problem on matchings in hypergraphs[J]. Combin. Theory Ser. A, 2014, 124:178-194.

[37] Frankl P. On the maximum number of edges in a hypergraph with given matching number[J]. Discrete Appl. Math., 2017, 216: 562-581.

[38] Frankl P. Improved bounds for Erdós' matching conjecture[J]. Combin. Theory Ser. A, 2013 , 120(5):1068-1072.

[39] Frankl P, Kupavskii A. The Erdós matching conjecture and concentration inequalities[J]. Combin. Theory Ser. B, 2022, 157: 366–400,

[40] Aharoni R, Howard D. A rainbow r-partite version of the Erdós-Ko-Rado theorem[J]. Combin. Probab. Comput., 2017, 26: 321–337.

[41] Frankl P, Kupavskii A. Simple juntas for shifted families[J], Discrete Anal., 2020, 14: 18.

[42] Gao J, Lu H, Ma J, et al. On the rainbow matching conjecture for 3-uniform hypergraphs[J]. Sci. China Math., 2022, 65: 2423-2440.

[43] Huang H, Loh P, Sudakov B. The size of a hypergraph and its matching number[J]. Comb. Probab. Comput., 2012, 21: 442-450.

[44] Keevash P, Lifshitz N, Long E, et al. Hypercontractivity for global functions and sharp thresholds[J]. Amer. Math. Soc., 2024, 37: 245-279.

[45] Keller N, Lifshitz N. The junta method for hypergraphs and Chvatal's simplex conjecture[J]. Advances in Mathematics, 2023, 392:107991.

[46] Kiselev S, Kupavskii A. Rainbow matchings in k-partite hypergraphs[J]. Bull. Lond. Math. Soc., 2021, 53: 360-369.

[47] Kupavskii A. Rainbow version of the Erdós matching conjecture via concentration[J]. Comb. Theory, 2023, 3 (1): 1.

[48] Lu H, Wang Y, Yu X. A better bound on the size of rainbow matchings[J]. Comb. Theory, Ser. A, 2023, 195: 105700.

[49] Lu H, Wang Y, Yu X. Rainbow perfect matchings for 4-uniform hypergraphs[J]. SIAM J. Discrete Math., 2022, 36: 1645-1662.

[50] Lu H, Yu X, Yuan X. Rainbow matchings for 3-uniform hypergraphs[J]. Comb. Theory, Ser. A, 2021, 183: 105489.

[51] Tang Y, Yan G. An approximate Ore-type result for tight hamilton cycles in uniform hypergraphs[J]. Discrete Math., 2017, 340: 1528–1534.

[52] Zhang Y, Lu M. Some Ore-type results for matching and perfect matching in k-uniform hypergraphs[J]. Acta. Math. Sin. – English Ser., 2018, 34:1795-1803.

[53] Zhang Y, Zhao Y, Lu M. Vertex degree sums for perfect matchings in 3-uniform hypergraphs[J], Electron. J. Combin., 2018, 25(3): 45.

[54] Zhang Y, Zhao Y, Lu M. Vertex degree sums for matchings in 3-uniform hypergraphs[J], Electron. J. Combin., 2019, 26(4): 5.

[55] Frankl P. An Erdó-Ko-Rado theorem for direct products[J]. European J. Combin., 1996, 17(8): 727–730.

[56] Lv Z, Lu M, Zhang Y. Perfect matching and Hamilton tight cycle decomposition of complete n-balanced r-partite k-uniform hypergraphs[J]. SIAM J. Discrete Math., 2022, 36(1): 241-251.

[57] Schroeder M W. On Hamilton cycle decompositions of r-uniform r-partite hypergraphs[J]. Discrete Math., 2014, 315: 1-8.

[58] Zhang Y, Lu M, Liu K. Perfect matching and Hamilton cycle decomposition of complete n-balanced $k + 1$-partite k-uniform hypergraphs[J]. Appl. Math. Comput., 2020, 386: 125492.

[59] Verrall H. Hamilton decompositions of complete 3-uniform hypergraphs[J]. Discrete Math., 1994, 132: 333-348.

[60] Meszka M, Rosa A. Decomposing complete 3-uniform hypergraph into Hamiltonian cycles[J]. Australas J Combin., 2009, 45: 291-302.

[61] Glock S, Kühn D, Osthus D. Extremal aspects of graph and hypergraph decomposition problems[C]. British Combinatorial Conference, 2021, 235-266.

[62] Bailey R F, Stevens B. Hamiltonian decomposition of complete k-uniform hypergraphs[J]. Discrete Math., 2010, 310: 3088-3095.

[63] Baranyai Z. On the factorization of the complete uniform hypergraph, in: Infinite and finite sets[C]. Colloq. Math. Soc. János Bolyai, North-Holland, Amsterdam, 1975, 10: 91-108.

[64] Bermond J C. Hamiltonian decompositions of graphs, directed graphs and hypergraphs[J]. Ann. Discrete Math., 1978, 3: 21-28.

[65] Katona G Y, Kierstead H A. Hamiltonian chains in hypergraphs[J]. Graph Theory, 1999, 30: 205-212.

[66] Kühn D, Osthus D. Decompositions of complete uniform hypergraphs into Hamilton Berge cycles[J]. Combin. Theory Ser. A, 2014, 126: 128-135.

[67] Zhang Y, Lu M. *d*-matching in 3-uniform hypergraphs[J]. Discrete Math., 2018, 341: 748-758.

[68] Zhang Y, Lu M. Matching in 3-uniform hypergraphs[J]. Discrete Math., 2019, 342: 1731-1737.